全国高职高专院校"十二五"规划教材（加工制造类）

# 机械加工综合实训

主　编　侯云霞　梁东明

副主编　赵金凤　魏立新

中国水利水电出版社
www.waterpub.com.cn

## 内 容 提 要

本书系统、全面地介绍了机械加工、车削加工、刨削加工、铣削加工和磨削加工的基础知识和技能操作方法。教学内容按技术基础技能、专业操作技能和综合生产技能三大模块呈递进关系设计，技能训练按单一到综合、简单到复杂的顺序实施，融教学过程与生产过程为一体，旨在对学生熟练操作机床设备、典型零件的加工、质量分析等基础技能的培养，促进学生安全文明生产意识、规范操作意识和质量意识的养成，实现学生的综合能力、创新能力、工程实践能力及职业素养的全面提升，培养适应制造业生产一线岗位（群）需求的能力强、素质高、懂技术、会管理的高素质技能型人才。

本书既可作为高职高专院校机械专业学生基本技能培训的教材，也可作为其他相关专业机械加工实训的参考书，还可作为技术工人的岗位培训用书。

**图书在版编目（CIP）数据**

机械加工综合实训 / 侯云霞，梁东明主编. -- 北京
: 中国水利水电出版社，2013.7（2022.8 重印）
全国高职高专院校"十二五"规划教材. 加工制造类
ISBN 978-7-5170-0996-2

Ⅰ．①机… Ⅱ．①侯… ②梁… Ⅲ．①金属切削－高
等职业教育－教材 Ⅳ．①TG5

中国版本图书馆CIP数据核字(2013)第145864号

策划编辑：宋俊娥　　责任编辑：宋俊娥　　加工编辑：孙丹　　封面设计：李佳

| 书　　名 | 全国高职高专院校"十二五"规划教材（加工制造类）<br>机械加工综合实训 |
|---|---|
| 作　　者 | 主编 侯云霞 梁东明 副主编 赵金凤 魏立新 |
| 出版发行 | 中国水利水电出版社<br>（北京市海淀区玉渊潭南路 1 号 D 座　100038）<br>网址：www.waterpub.com.cn<br>E-mail: mchannel@263.net（万水）<br>　　　　 sales@mwr.gov.cn<br>电话：(010) 68545888（发行部）、82562819（万水） |
| 经　　售 | 北京科水图书销售有限公司<br>电话：(010) 68545874、63202643<br>全国各地新华书店和相关出版物销售网点 |
| 排　　版 | 北京万水电子信息有限公司 |
| 印　　刷 | 北京建宏印刷有限公司 |
| 规　　格 | 184mm×260mm　16 开本　13.5 印张　332 千字 |
| 版　　次 | 2013 年 7 月第 1 版　　2022 年 8 月第 2 次印刷 |
| 印　　数 | 3001—3500 册 |
| 定　　价 | 24.00 元 |

凡购买我社图书，如有缺页、倒页、脱页的，本社发行部负责调换

# 前　　言

高等职业教育作为高等教育发展中的一个类型，肩负着培养面向生产、建设、服务和管理第一线需要的高技能人才的使命，在我国加快推进社会主义现代化建设进程中具有不可替代的作用。为了贯彻和落实教育部《关于全面提高高等职业教育质量的若干意见》（教高[2006]16号）文件精神，促进高等职业教育健康发展，针对区域经济发展的要求，紧紧围绕高素质技能型人才的培养目标，组织编写了本教材。

本书系统、全面地介绍了机械加工、车削加工、刨削加工、铣削加工和磨削加工的基础知识和技能操作方法。教学内容按技术基础技能、专业操作技能和综合生产技能三大模块呈递进关系设计，技能训练按单一到综合、简单到复杂的顺序实施，融教学过程与生产过程为一体，旨在通过学生熟练操作机床设备、典型零件的加工、质量分析等基础技能的培养，促进学生养成安全文明生产意识、规范操作意识、质量意识，全面提升学生的综合能力、创新能力、工程实践能力及职业素养，培养适应制造业生产一线岗位（群）需求的能力强、素质高、懂技术、会管理的高素质技能型人才。本书既可作为高职高专院校机械专业学生基本技能培训的教材，也可作为其他相关专业机械加工实训的参考书，还可作为技术工人岗位培训用书。

本教材主要具有以下特点：

1. 根据技术领域和职业岗位（群）的任职要求，参照相关的职业资格标准，以突出学生职业能力培养为宗旨，合理控制理论知识的广度和深度，突出应用性和综合性。

2. 以"工学任务"组织教材，使理论知识与技能训练有机地结合，便于学生学习相关知识、掌握操作技能、培养学生的专业应用能力。

3. 本书图文并茂，形象直观，文字简明扼要，通俗易懂。让学生在实训教学过程中，掌握完成简单生产任务的技能，培养学生分析和解决实际生产问题的能力，提升安全文明生产意识、质量意识及创新意识。

本书项目一、项目四由侯云霞、梁东明编写，项目二由赵金凤、王泉国编写，项目三由魏立新编写，项目五由王淑霞、刘秀霞编写，侯云霞、梁东明统编定稿，李志刚审稿。明治机械（德州）有限公司王景坤、德州联合石油有限公司邢跃华参与了编写，并对本书的编写提供了大力支持和帮助。此外，本书在编写过程中参阅了大量的相关教材、教辅参考书、技术手册等图书资料，在此向原作者致以衷心的感谢。如有不敬之处，恳请见谅！

由于编者水平有限，加之时间仓促，书中难免有不妥和错漏之处，恳请广大同行和读者给予批评指正。

编　者
2013 年 4 月

# 目　　录

# 项目一 机械加工基础知识

## 任务1 金属切削加工基础知识

 **学习目标**

**【知识要求】**

1. 了解金属切削加工的基本概念。
2. 掌握刀具切削角度及其功用，熟悉刀具材料的相关知识。
3. 掌握切削用量、切削力、切削热和切削液的基本概念及对切削过程的影响。

**【技能要求】**

能够合理选择刀具切削角度、切削用量和切削液。

 **任务描述**

本任务主要介绍金属切削加工的基本概念；刀具切削部分的几何形状、切削角度及材料的基本知识；熟悉切削用量、切削力、切削热和切削液的基本概念及对切削过程的影响；使操作者认识各种刀具，能够合理选择刀具切削角度、刀具材料、切削用量和切削液。

 **相关资讯**

### 一、金属切削加工的基本概念

**1. 概念**

金属切削加工是通过刀具与工件之间的相对运动，从毛坯上切除多余的金属材料，从而获得合格零件的加工方法。

切削加工分为钳加工和机械加工。钳加工一般是在钳台上用手工工具对工件进行各种加工的方法；机械加工主要是通过工人操作机床设备对工件进行的各种切削加工。使用机床进行切削加工，除了要有一定的切削性能的切削刀具外，还要有机床提供工件与切削刀具间所必需的相对运动，这种相对运动应与工件各种表面的形成规律和几何特征相适应。

**2. 切削运动**

切削运动是在切削加工时，刀具和工件之间的相对运动。通常分为主运动和进给运动，如图 1-1 所示。

主运动是切削加工中所需的最基本的运动，是直接切除工件上的切削层，使之转变为切屑，以形成工件新表面的主要运动。通常主运动的速度最高，所消耗的功率最大。在切削运动中，主运动只有一个，它可以由工件完成，也可以由刀具完成；可以是旋转运动，也可以是直线运动。

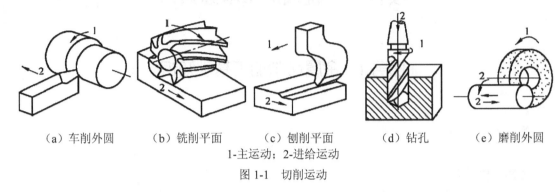

（a）车削外圆　　（b）铣削平面　　（c）刨削平面　　（d）钻孔　　（e）磨削外圆

1-主运动；2-进给运动

图 1-1　切削运动

进给运动是使新的切削层不断投入切削的运动。进给运动一般速度较低，消耗的功率较少，可以有一个进给运动，也可以有多个进给运动；可以是连续的，也可以是间断的。

3．切削加工中的表面

切削过程中，工件上会形成三个不断变化着的表面，如图 1-2 所示。

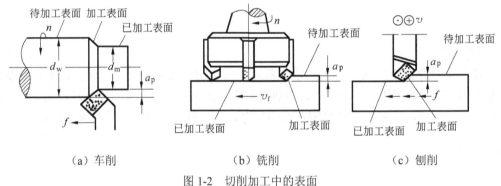

（a）车削　　　　　（b）铣削　　　　　（c）刨削

图 1-2　切削加工中的表面

（1）待加工表面：指工件上有待切除的表面。

（2）已加工表面：指工件上经刀具切削后形成的新表面。

（3）加工表面：也称为过渡表面，指工件上切削刃正在切削的表面。

## 二、切削用量

切削速度、进给量和背吃刀量统称为切削用量的三要素，如图 1-3 所示。切削用量是切削加工中十分重要的工艺参数，它们选取的是否合理，直接影响产品的加工质量、生产效率和成本。

1．切削速度 $v_c$

切削速度是切削刃上选定点相对于工件沿主运动方向的瞬时速度，即主运动的线速度，单位为 m/s 或 m/min。

当主运动为旋转运动（如车削、铣削或磨削）时，其切削速度按下式计算：

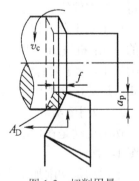

图 1-3　切削用量

$$v_c = \frac{\pi dn}{1000}\ \text{m/min}$$

或

$$v_c = \frac{\pi dn}{1000 \times 60}\ \text{m/s}$$

式中　$v_c$——切削速度（m/min 或 m/s）；

　　　$d$——工件加工表面或刀具直径（mm）；

　　　$n$——工件或刀具的转速（r/s 或 r/min）。

2. 进给量 $f$

工件或刀具每转或往复一次，或者刀具每转过一齿时，工件与刀具在进给运动方向上的相对位移称为进给量。通常用 $f$ 表示，单位为 mm/r 或 mm/str（往复行程）。

例如，车削外圆时的进给量为工件每转一转，刀具沿进给运动方向所移动的距离，单位为 mm/r；刨削时的进给量为刀具（或工件）每往复一次，工件（或刀具）沿进给运动方向所移动的距离，单位为 mm/str。

对于多刃刀具（如铣削）的进给量为每转过一个刀齿时，工件沿进给运动方向所移动的距离称为每齿进给量，通常用 $f_z$ 表示，单位为 mm/z。

还可用进给运动的瞬时速度（即进给速度）来表述，以 $v_f$ 表示，单位为 mm/s 或 mm/min。

$$v_f = f \cdot n = f_z \cdot z \cdot n$$

式中　$v_f$——进给速度（mm/min）；

　　　$n$——工件或刀具的转速（r/s 或 r/min）；

　　　z——刀具的齿数。

3. 背吃刀量 $a_p$

背吃刀量是指工件待加工表面与已加工表面之间的垂直距离，单位为 mm，习惯上也将其称为切削深度。

车削外圆时，背吃刀量可按下式计算：

$$a_p = \frac{d_w - d_m}{2}$$

式中　$d_w$——工件待加工表面直径，mm；

　　　$d_m$——工件已加工表面直径，mm。

### 三、刀具的几何形状和材料

（一）刀具的几何形状

各种刀具都是由切削部分、刀体或刀柄等部分组成，如图 1-4 所示。

刀柄是刀具上的夹持部分。刀体是刀具上夹持刀条或刀片的部分。切削部分是刀具最重要的组成部分，起主要的切削作用。以普通外圆车刀为例进行说明。普通外圆车刀的主要组成如下，如图 1-4a 所示。

（1）前面：指刀具上切屑流过的表面。

（2）主后面：指刀具上同前面相交形成主切削刃的表面，切削时与工件加工表面相对。

（3）主切削刃：前面与主后面的交线，切削时承担主要的切削作用。

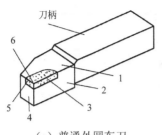
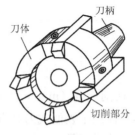

（a）普通外圆车刀　　　　　　　　　　（b）端铣刀

1-前面；2-主后面；3-主切削刃；4-副后面；5-副切削刃；6-刀尖

图 1-4　刀具的组成

（4）副后面：刀具上同前面相交形成副切削刃的表面，切削时与工件已加工表面相对。

（5）副切削刃：前面与副后面的交线，切削时起辅助切削作用。

（6）刀尖：指主切削刃与副切削刃的连接部分。为增加刀尖强度和耐磨性，一般刃磨成修圆刀尖和倒角刀尖两种形式。

（二）刀具的辅助平面

为了确定刀具切削部分的几何角度，必须引入一个空间坐标参考系，即需要确定一系列辅助平面。定义刀具角度的参考系有两种：静止参考系和工作参考系。刀具静止参考系是进行刀具设计、制造、刃磨及测量时的基准，在该参考系中确定的刀具几何角度称为刀具的标准角度。下面主要介绍静止参考系的组成，如图 1-5 所示。

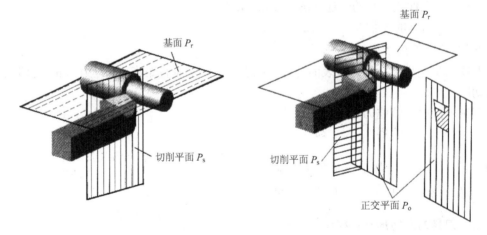

图 1-5　刀具的辅助平面

（1）基面 $P_r$：通过主切削刃任一选定点，垂直于主运动方向的平面。对车刀、刨刀而言，基面就是包括切削刃选定点，并与刀杆底平面平行的平面；对钻头、铣刀等旋转刀具来说，则是通过切削刃任一选定点且包含刀具轴线的平面。基面是刀具制造、刃磨及测量时的定位基准。

（2）切削平面 $P_s$：通过主切削刃任一选定点，与主切削刃相切，并垂直于基面的平面。

（3）正交平面 $P_0$：通过主切削刃任一选定点，并同时垂直于基面和切削平面的平面。

（三）刀具的主要切削角度和作用

刀具标注角度是指在刀具设计图样上标注的角度，是制造、刃磨刀具的依据。以普通外圆车刀为例，如图 1-6 所示。

（1）前角 $\gamma_o$：在正交平面上测量的刀具前面与基面之间的夹角。

前角表示刀具前面的倾斜程度，它可以是正值、负值或零。其主要影响切削刃的锋利程度、切削力和排屑。增大前角能使切削刃锋利，切削省力，减小切削变形和摩擦，但前角过大会使刀刃和刀尖强度降低，刀具散热面积减小，影响刀具的使用寿命。

（2）后角 $\alpha_o$：在正交平面上测量的刀具后面与切削平面之间的夹角。

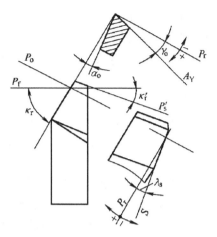

图 1-6　刀具的主要切削角度

后角表示刀具后面的倾斜程度。其作用是减小后面与工件之间的摩擦，提高已加工表面质量和延长刀具寿命。增大后角，可减小刀具主后面与工件过渡表面之间的摩擦，减小表面粗糙度值，但后角过大会降低刀刃强度和散热能力。

（3）主偏角 $\kappa_r$：在基面上测量的切削平面与假定工作平面 $P_f$ 之间的夹角。其作用是改变主切削刃与刀头的受力和散热情况。

（4）副偏角 $\kappa_r'$：副偏角是在基面上测量的副切削平面与假定工作平面 $P_f$ 之间的夹角。其作用是改变副切削刃与工件已加工表面之间的摩擦状况。

（5）刃倾角 $\lambda_s$：在切削平面上测量的刀具主切削刃与基面间的夹角。

刃倾角可以是正值、负值或零，其作用是影响刀尖的强度并控制切屑流出的方向。当刀尖为切削刃的最高点时为正值，切屑流向待加工表面，刀尖易受冲击且强度较低，适用于精加工；当刀尖为切削刃的最低点时为负值，切屑流向已加工表面，有利于提高刀头的强度，但容易划伤已加工表面，影响已加工表面质量，适用于粗加工；刃倾角为零值时，切屑垂直于切削刃流出，如图 1-7 所示。

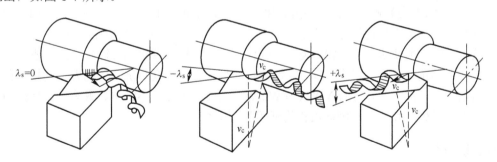

图 1-7　刃倾角对切屑流向的影响

（四）刀具切削部分的材料

**1. 刀具切削部分材料的基本要求**

在切削过程中，刀具切削部分要承受高温、高压、强烈的摩擦、冲击和振动，因此，刀具切削部分的材料应具备以下基本要求。

（1）高硬度。刀具切削部分材料的硬度必须高于工件材料的硬度。其常温硬度一般要求在 60HRC 以上。

（2）高的耐磨性。耐磨性是刀具材料抵抗摩擦和磨损的能力，它是刀具材料应具备的主要条件之一，是决定刀具耐用度的主要因素。一般来说，刀具材料的硬度越高，耐磨性越好。

（3）足够的强度和韧性。是指刀具切削部分材料承受切削力、冲击和振动而不破坏的能力。

（4）高的热硬性。是指刀具切削部分材料在高温下仍能保持正常切削所需的硬度、耐磨性、强度和韧性的能力。

（5）良好的工艺性。通常指刀具材料的锻造性能、热处理性能、焊接性能、切削加工性能等。工艺性越好，越便于刀具的制造。

### 2. 常用的刀具材料

（1）碳素工具钢。常用的牌号有 T10、T12A 等，有较高的硬度，但热硬性较差，通常只用于制造形状简单、切削速度较低的手工工具，如锉刀。

（2）合金工具钢。常用的牌号有 9SiCr、CrWMn 等。其热硬性、韧性较碳素工具钢好，常用来制造形状复杂的低速刀具，如铰刀、丝锥等。

（3）高速钢。俗称白钢条、锋钢，是含有较多 W、Mo、Cr、V 等元素的高合金工具钢。其具有高的硬度、高的耐热性、足够的强度和韧性，刀刃锋利，能抵抗一定的冲击振动。它具有较好的工艺性，可以制造各类刃形复杂的刀具。高速钢可以加工铁碳合金、非铁金属、高温合金等材料，常用牌号有 W18Cr4V、W6Mo5Cr4V2 等，如麻花钻、车刀、铣刀等。

（4）硬质合金。硬质合金是由硬度和熔点很高的金属碳化物和金属黏结剂在高温下烧结而成的粉末冶金制品。具有较高的硬度和耐磨性，能耐高温。可加工包括淬硬钢在内的多种材料，因此应用广泛。其缺点是性脆，怕冲击振动，刃口不锋利，较难加工，不易做成形状较复杂的整体刀具，因此通常将硬质合金焊接或机械夹固在刀体上使用。常用的硬质合金有钨钴类（YG 类）、钨钛钴类（YT 类）和钨钛钽（铌）类（YW 类）三类。

钨钴类（YG 类）硬质合金主要由碳化钨和钴组成，常用的牌号有 YG3、YG6 等，抗弯强度和冲击韧性较好，不易崩刃，主要适宜加工铸铁等脆性材料。

钨钛钴类（YT 类）硬质合金主要由碳化钨、碳化钛和钴组成，常用的牌号有 YT5、YT15 等。其抗弯强度和冲击韧性较差，主要适宜加工普通碳钢及合金钢等塑性材料。

钨钛钽（铌）类硬质合金（YW 类）由碳化钨、碳化钛、碳化钽（铌）和钴组成，从而提高了硬质合金的抗弯强度、疲劳强度、韧性和耐热性、高温硬度和抗氧化能力，使其具有较好的综合切削性能。常用的牌号有 YW1、YW2 等，主要用于加工不锈钢、耐热钢、高锰钢，也适用于加工普通碳钢和铸铁，因此被称为通用型硬质合金。

## 四、切削力

### 1. 切削力的概念

在切削加工时，刀具上所有参加切削的各切削部分产生的总切削力的合力，称为刀具的总切削力，用 $F$ 表示。

多刃刀具（如铣刀、铰刀、麻花钻等）有几个切削部分同时进行切削，所有参与切削的各切削部分所产生的总切削力的合力称为刀具总切削力。单刃刀具（如车刀、刨刀等）只有一个切削部分参与切削，这个切削部分的总切削力就是刀具总切削力。

2. 切削力的来源

切削力来源于两个方面：一是切削层金属、切屑和工件表面层金属的弹性变形，及塑性变形所产生的变形阻力作用在刀具上；二是刀具与切屑、工件与切屑表面间的摩擦阻力作用在刀具上。切削力就是抵抗这些阻力的合力。切削力及其反作用力分别作用于刀具和工件上，它们大小相等、方向相反，对切削加工有很大的影响。

3. 总切削力的分解

为了分析切削力对工件、刀具和机床的影响，通常把切削力分解为三个分力，如图 1-8 所示。

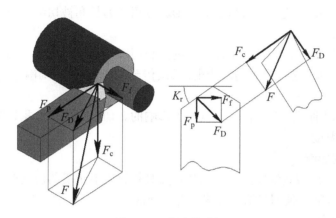

图 1-8  切削力的分解

（1）主切削力 $F_c$

它是总切削力 $F$ 在主运动上的正投影，与切削速度方向一致，垂直于基面。它消耗功率最大，约占总消耗功率的 95%，是计算机床功率、校核刀具强度及选择切削用量的主要依据。

（2）背向力 $F_p$

又称径向力，是总切削力 $F$ 在垂直于工作平面方向上的分力。由于在背向力方向上没有相对运动，所以背向力不消耗功率，但它作用在工件和机床刚性最差的方向上，使工件在水平面内弯曲，容易引起振动，影响加工精度。背向力是校核机床刚度的主要依据。

（3）进给力 $F_f$

又称轴向力，是总切削力 $F$ 在进给运动方向上的正投影，与进给运动方向一致，是计算机床进给机构强度的依据。

4. 影响切削力的主要因素

（1）工件材料。工件材料的强度、硬度越高，切削力越大。当两种材料强度相同时，切性和塑性越大的材料切削力越大；反之，切削力越小。

（2）切削用量。切削用量越大，切削力越大。其中，背吃刀量对切削力的影响最大。当其他条件一定时，背吃刀量增大一倍时，切削力也增大一倍。进给量增大一倍时，切削力约增加 70%～80%。切削速度对切削力的影响最小。

（3）刀具角度。对切削力影响较大是前角和主偏角。

当前角增大时，切屑容易从前面流出，切屑变形小，因此切削力降低。此外，工件的材料不同，前角的影响也不同，对塑性大的材料（如紫铜、铝合金等），切削时塑性变形大，前角的影响较显著；而对脆性材料（如灰铸铁、脆黄铜等），因切削时塑性变形小，故前角的变化对切削力的影响较小。

主偏角对主切削力影响较小，对背向力和进给力的影响较大。当主偏角增大时，背向力减小，进给力增大。

（4）切削液。合理选用切削液可以减小切削变形和摩擦，使切削力减小。

### 五、切削热

**1. 切削热的产生和传导**

在切削过程中，由于被切削材料层的变形、分离及刀具和被切削材料间的摩擦而产生的热量，称为切削热。

切削热主要通过切屑、刀具、工件、切削液和周围介质传导出去。如果切削加工时不加切削液，则大部分的切削热就会由切屑传出，其次传至工件和刀具，周围介质传出的热量很少。

**2. 切削热对切削过程的影响**

切削热是通过切削温度对工件和刀具产生影响的。切削温度一般指切削过程中刀具与工件切削区域的平均温度。

（1）对刀具的影响

切削温度升高，使刀具温度升高，当超过刀具材料所能承受的温度时，刀具材料硬度降低，迅速丧失切削性能，使刀具磨损加快，寿命降低。

（2）对工件的影响

切削温度升高，使工件温度升高，产生热变形，导致工件受热伸长或膨胀，影响工件的加工精度和表面质量，特别在加工细长轴、薄壁零件和精密零件时，由切削热造成的工件热变形尤为严重。

**3. 影响切削温度的因素**

切削温度的高低取决于产生热量的多少和热传导的快慢。具体受工件材料的性质、切削用量、刀具角度和切削液等因素的影响。

（1）工件材料的影响

工件材料通过其强度、硬度、热传导等性能不同而影响切削温度。工件的强度、硬度越高，切削时消耗的功越多，产生的切削热越多，切削温度越高。工件的导热性好，热量传散得快，可使切削温度降低。

（2）切削用量的影响

切削速度对切削温度的影响最大，切削速度增大一倍，切削温度增加 20%～35%；进给量增大一倍，温度增加 10%；背吃刀量对切削速度的影响最小。

（3）刀具切削角度的影响

前角增大，切削变形小，产生的切削热少，使切削温度降低。但前角过大，刀具的楔角减小，刀具的散热面积减小，切削温度反而升高。

主偏角增大，刀具的主切削刃与切削层的接触长度缩短，刀尖角减小，使散热条件变差，从而提高切削温度；反之，主偏角减小，切削温度降低。

（4）切削液的影响

合理地选择切削液可减小摩擦，减少切削热，使切削温度降低。

为了减少切削热和降低切削温度，保证工件加工精度，延长刀具的使用寿命，可采用以下措施：合理选择刀具材料和刀具切削角度；提高刀具的刃磨质量；合理选择切削用量；适当选择和使用切削液。

### 六、切削液

切削液是为提高切削加工效果而使用的液体，具有冷却、润滑、清洗和排屑等作用。

1. 切削液的作用

（1）冷却作用

切削液能从切削区域带走大量的切削热，使切削区域的切削温度降低，可减少工件的热变形，保证刃口强度，减少刀具的磨损。

（2）润滑作用

切削液渗透到刀具与切屑之间和工件表面之间，形成润滑油膜，可减小刀具与切屑、刀具与工件过渡表面之间的摩擦，从而减小切削变形，减小黏结及刀具磨损量，提高加工表面质量。

（3）清洗和排屑作用

在磨削、深孔加工时，切削液能冲走切削中产生的碎屑或粉末，避免切屑堵塞或划伤工件已加工表面及机床导轨面，并减少刀具的磨损。

（4）防锈作用

切削液还应具有防锈作用，以减轻工件、机床、刀具受周围介质（空气、水分等）的腐蚀。切削液防锈作用的好坏取决于切削液本身的性能和加入的防锈添加剂。

2. 切削液的种类

切削液分水基和油基两大类，常用的水基切削液有合成切削液和乳化液；常用的油基切削液有切削油。

（1）合成切削液。俗称水溶液，以水为主要成分，加入适量的水溶性防锈添加剂制成，主要起冷却作用，润滑性能较差，常用于粗加工和普通磨削加工中。

（2）乳化液。乳化液是切削加工中使用较广的一种切削液，它是水与油的混合液体，常使用乳化剂稀释配制，具有良好的流动性和冷却作用，也有一定的润滑作用。

（3）切削油。切削油主要是矿物油（如10号、20号机械油、轻柴油、煤油等），少量采用豆油、菜油、蓖麻油等动、植物油。主要起润滑作用，冷却性能较差，常用于精加工中。

### 一、准备工作

1. 熟悉实训场地，了解车间安全操作规程。
2. 各种机加工刀具及相关工、辅具准备。

### 二、技能训练

（一）认识各种机加工刀具，了解刀具的几何形状、切削角度及切削部分的材料。
（二）能够根据实际要求，合理选择刀具切削角度。

1. 前角的选择原则

前角主要根据工件材料、刀具切削部分材料及加工要求选择。

（1）根据工件材料选择前角。加工塑性材料时，特别是硬化严重的材料（如不锈钢等），为了减小切削变形和刀具磨损，应选用较大的前角；加工脆性材料时，工件材料的硬度较高，刀具切削部分材料韧性较差时，可选择较小的前角。加工不同材料时，前角的参考值见表1-1。

表1-1 加工不同工件材料时前角的参考值

| 工件材料 | 铝合金 | 铜合金 | 低碳钢 | 不锈钢 | 中等硬度钢 | 高碳钢 | 灰铸铁 |
|---|---|---|---|---|---|---|---|
| 前角 | 30°～40° | 25°～30° | 20°～30° | 15°～25° | 10°～20° | -5° | 5°～15° |

（2）根据刀具材料选择前角。刀具材料的抗弯强度和冲击韧性较低时，应选择较小的前角。通常硬质合金刀具的前角在-5°～20°范围内选取；高速钢刀具比硬质合金刀具的前角约大5°～10°。

（3）根据加工性质选择前角。粗加工时，特别是断续切削或加工有硬皮的铸、锻件时，不仅切削力大，切削热多，而且承受冲击载荷，为保证切削刃有足够的强度和散热面积，应适当选择较小的前角；精加工时对切削刃强度要求较低，为使切削刃锋利，减小切削变形和获得较高的表面质量，应适当选择较大的前角。

2. 后角的选择原则

（1）根据加工性质选择后角。粗加工时一般为5°～8°，精加工时为8°～12°。

（2）根据工件材料力学性能选择后角。工件材料硬度、强度较高时，应选取较小的后角；工件材料硬度较低、塑性较大时，应选取较大的后角。

（3）工艺系统刚性较差时，应适当减小后角。

（4）尺寸精度要求较高的刀具，后角宜取得小些。

3. 主偏角和副偏角的选择原则

（1）工艺系统刚性较好时，主偏角一般取30°～45°；当工艺系统刚性较差或强力切削时，主偏角一般取60°～75°。

（2）副偏角的大小主要根据表面粗糙度的要求选择，一般为5°～15°，粗加工时取大值，精加工时取较小值。

4. 刃倾角的选择原则

当加工一般钢料和铸铁时，无冲击的粗加工取-5°～0°，精加工时取0°～5°；有冲击负荷时，取-15°～-5°；当冲击较大时，取-45°～-30°。

● 特别提示

刀具各角度之间是相互联系、相互影响的。在选择刀具切削角度时，应根据实际情况综合考虑，合理选择。

（三）能够根据实际要求，合理选择切削用量

合理选择切削用量是指在刀具角度确定以后，合理确定背吃刀量、进给量和切削速度，以充分发挥机床和刀具的效能，在保证加工质量的前提下，获得高的生产率和低的加工成本。

1. 切削用量的选择原则

粗加工时，一般应优先选择尽可能大的背吃刀量，其次选择较大的进给量，最后根据刀

具耐用度要求，确定合适的切削速度。

精加工时，主要考虑工件的加工精度和表面质量要求，故一般选用较小的进给量和切削深度，而尽可能选用较高的切削速度。

### 2. 切削用量的选择方法

（1）背吃刀量的选择

粗加工时，背吃刀量主要根据工件的加工余量来确定。除留下精加工余量外，尽可能一次走刀切除全部余量。当加工余量过大、工艺系统刚度较低、刀具强度不够或断续切削冲击振动较大时，可分多次走刀。

半精加工和精加工时，背吃刀量主要由粗加工或半精加工留下的余量确定，原则上一次走刀切除。但为了保证工件的加工精度和表面质量，也可采用二次走刀。

（2）进给量的选择

粗加工时，进给量的选择主要应考虑机床进给机构强度、刀具的强度、工件刚性等。在工艺系统刚性和强度许可的情况下，应尽量选择大的进给量，反之则应适当减小进给量。

半精加工和精加工时，进给量主要受工件加工表面粗糙度要求的限制，一般常取较小的数值。

（3）切削速度的选择

当背吃刀量和进给量确定之后，可用计算的方法或查表法确定切削速度的值。在生产中，选择切削速度应考虑的因素如下：

粗加工时，切削速度受刀具耐用度和机床功率的限制，应适当选择较低的切削速度；精加工时，切削速度主要受加工质量和刀具耐用度的影响，为获得高的表面质量，一般选择较高的数值。

当刀具材料的切削性能好时，可适当选择较高的切削速度。

工件材料强度、硬度高时，应选择低的切削速度。

（四）能够根据实际要求，合理选择使用切削液

### 1. 切削液的选用

切削液种类繁多，性能各异，应根据工件材料、刀具材料、加工性质和加工方法等具体情况合理选用，若选用不当，则达不到应有的效果。合理选用切削液时应注意以下几点：

（1）钢件的加工通常可使用切削液，铸铁等脆性材料的加工一般不使用切削液。加工铜、铝及其合金时，不能用含硫的切削液，以免发生腐蚀。

（2）使用硬质合金刀具一般不加切削液，必要时则需连续、充分地浇注，以免刀片因冷热不均匀产生较大内应力而导致破裂；使用高速钢刀具通常都应加切削液。

（3）粗加工应选用以冷却为主的乳化液或水溶液，以降低切削温度，提高刀具的耐用度；精加工应选用以润滑为主的切削油或浓度较高的乳化液，以保证工件表面精度，减少刀具的磨损。

（4）加工方法不同时，应根据实际情况合理选用。

如钻削（尤其是深孔加工）、铰削、拉削等加工时，因刀具在半封闭状态下工作，排屑困难，切削热不易传散，容易使切削刃烧伤并严重影响工件表面质量。这时应选用黏度较小的乳化液或切削油进行充分浇注。而磨削加工由于加工时切削温度高、切屑细小，易堵塞砂轮和使工件烧伤，宜选用冷却作用好、清洗排屑能力强的切削液，如合成切削液和低浓度的乳化液。

**2．切削液的使用方法**

常见的切削液使用方法有浇注法、高压冷却法和喷雾冷却法。

（1）浇注法。它是应用较多的一种方法，使用时应保证流量充足，浇注位置尽量接近切削区域。

（2）高压冷却法。即将切削液以高压力、大流量喷向切削区域，常用于深孔加工。

（3）喷雾冷却法。即利用压力为 0.3～0.6MPa 的压缩空气使切削液雾化，并高速喷向切削区，多用于难加工材料的切削。

### 三、注意事项

1．严格遵守车间安全操作规程。

2．必须按规定要求进行练习，禁止进行与训练内容无关的其他操作。

3．练习完毕，擦拭、保养刀具，清理工作场地。

### 四、检查评价，填写实训日志

| 检查评价单 | | | | | | |
|---|---|---|---|---|---|---|
| 序号 | 考核项目 | 考核要求及评分标准 | 分值 | 成绩 | | |
| | | | | 学生自检 | 小组互检 | 教师终检 |
| 1 | 熟悉实训中心场地 | 熟悉车间安全操作规程 | 10 | | | |
| 2 | 认识各种机加工刀具，了解刀具的几何形状、切削角度（外圆车刀为例） | 按掌握情况总体评价 | 30 | | | |
| 3 | 掌握常用的刀具切削部分的材料及对刀具切削部分的基本要求（常用刀具材料分析） | 按掌握情况总体评价 | 20 | | | |
| 4 | 能够根据实际要求，掌握刀具切削角度选择的相关知识点 | 按掌握情况总体评价 | 20 | | | |
| 5 | 安全文明生产 | 严格遵守安全操作规程，按要求着装；操作规范，无操作失误；认真操作，维护车床 | 10 | | | |
| 6 | 团队协作 | 小组成员和谐相处，互帮互学 | 10 | | | |
| 合计 | | | | | | |
| 教师总评意见： | | | | | | |
| 问题及改进方法： | | | | | | |

**问题思考**

**一、填空题**

1．切削过程中，工件上形成的三个表面是_____、_____和_____。

2．刀具的切削部分由_____、_____、_____、_____、_____和刀尖组成。

3．金属切削加工是通过_____与_____之间的相对运动，从毛坯上切除多余的金属材料，从而获得合格零件的加工方法。它包括_____加工和_____加工。

4．刀具的总切削力可以分解为_____、_____和_____三个相互垂直的切削分力。

5．常见切削液的使用方法有_____、_____和_____。

**二、选择题**

1．切削热可通过多种形式传导或散发，在不加切削液的情况下，带走热量最多的是（　　）。

  A．空气介质   B．刀具    C．工件    D．切屑

2．磨削加工时常选用的切削液是（　　）。

  A．切削油       B．合成切削液

  C．低浓度的乳化液    D．极压切削油

3．高速钢 W18Cr4V 可用来制造（　　）刀具。

  A．锉刀    B．麻花钻   C．拉刀    D．铰刀

4．减小总切削力可以增大刀具（　　），减小刀具（　　）。

  A．前角    B．后角   C．主偏角   D．刃倾角

5．粗加工时，应选择以（　　）为主的切削液；精加工时，应选择以（　　）为主的切削液。

  A．冷却    B．润滑   C．防锈   D．清洗和排屑

**三、简答题**

1．切削运动一般分哪两大类？试判断铣削、刨削、磨削加工时的运动形式？

2．什么是切削用量的三要素？如何合理选择切削用量？

3．对刀具切削部分材料有哪些要求？常用的刀具材料有哪几类？

4．试述刀具前角、后角、主偏角、副偏角的作用，并能根据实际要求，合理地选择刀具切削角度。

5．试述刃倾角对切削过程的影响。

6．切削液有何作用？常用的切削液有哪几大类？如何合理地选择切削液？

7．切削温度对切削过程有何影响？如何控制切削温度？

**拓展练习**

1．进行刀具的认知练习，能够正确区分各种常用刀具。

2．进行外圆车刀几何形状和切削角度的认知练习，能够正确识读车刀的主要切削角度。

3．常用刀具材料的认知练习。

# 任务 2　常用量具的选择及使用

**【知识要求】**

掌握机械加工中常用量具的刻线原理及读数方法。

**【技能要求】**

熟练掌握常用量具的正确使用方法，并能够合理选用，准确测量。

本任务主要介绍机械加工中常用量具的刻线原理及读数方法，使操作者熟练掌握常用量具的正确使用方法，并能合理选用，准确测量。

## 一、游标卡尺

游标卡尺是一种中等精确度的量具，在机械加工中使用非常广泛，常用来测量工件的外径、内径、中心距、宽度和长度，有的还可用来测量槽的深度。常用的游标卡尺按其测量精度，主要有 0.1mm、0.05mm 和 0.02mm 三种。

游标卡尺的规格按测量范围分为 0～125mm、0～200mm、0～300mm、0～500mm、300～800mm、400～1000mm 等几种。

1．游标卡尺的结构

如图 1-9 所示的游标卡尺主要由尺身、内量爪、外量爪、游标、深度尺组成。外量爪用来测量外形尺寸，内量爪用来测量内孔尺寸，深度尺可测量孔或槽的深度。

2．游标卡尺的刻度原理及读数方法

以测量精度为 0.02mm 的游标卡尺为例，这种游标卡尺尺身每小格宽度为 1mm，游标上共有 50 格。当两量爪合并时，游标上的 50 格刚好与尺身上的 49mm 对正，即游标每小格为 49/50=0.98mm，尺身与游标每格之差为 1-0.98=0.02mm，此数值即为游标卡尺的读数值。

游标卡尺的读数方法主要有以下三个步骤，如图 1-10 所示。

（1）读出游标零线左面尺身上的毫米整数 60mm。

（2）读出游标上哪条刻线与尺身刻线对齐（第一条零线不算，第二条起每格算 0.02），计算尺寸的毫米小数值 24 格×0.02=0.48mm。

（3）将尺身上读出的整数和游标上读出的小数相加，即得测量量值：60+0.48=60.48mm。

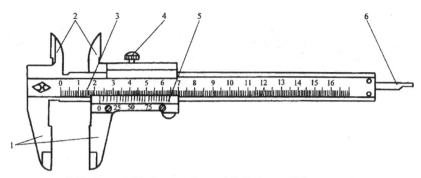

1-外量爪；2-内量爪；3-尺身；4-紧固螺钉；5-游标；6-深度尺

图 1-9 游标卡尺

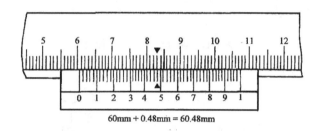

60mm + 0.48mm = 60.48mm

图 1-10 游标卡尺的读数方法

**3. 游标卡尺的使用方法及注意事项**

（1）测量或检验零件尺寸时，应按零件尺寸的公差等级选用相应的量具。游标卡尺是一种中等精确度的量具，只适用于尺寸公差等级为 IT10～IT16 的测量检验。不允许用游标卡尺测量铸、锻件毛坯尺寸，否则容易加快内、外量爪的磨损，损坏量具，影响测量精度。另外，由于量具在制造过程中存在一定的示值误差，也不能用游标卡尺测量精度较高的工件。

（2）测量前，应检查游标卡尺零位的准确性。擦净量爪的两测量面，并将两测量面接触贴合，如无透光现象（或有极微的均匀透光）且尺身与游标的零线正好对齐，说明游标卡尺零位准确。否则，说明游标卡尺的两测量面已有磨损，测量的示值不准确，必须对读数加以相应的修正。

（3）测量外径尺寸时，应将两量爪张开到略大于被测尺寸，将固定量爪的测量面贴靠着工件，然后轻轻移动游标，使活动量爪的测量面也紧靠工件，然后把紧固螺钉拧紧，即可读出读数。测量时，测量面的连线应垂直于被测表面，不可歪斜位置。如图 1-11 所示。

（5）测量工件内径的方法如图 1-12（a）所示。测量时，将两量爪张开到略小于被测尺寸，使固定量爪的测量面贴靠着工件，然后轻轻移动游标，使活动量爪的测量面也紧靠工件，并微微摆动，取其最大值，以量得真正的孔径尺寸。

（4）测量工件内孔深度如图 1-12（b）所示。测量时，将测深杆伸长到略大于被测尺寸，使尺身的测量面贴靠着工件，保持尺身与孔端面垂直，然后轻轻移动游标，使测深杆的测量面也紧靠工件，即可读出读数。

（5）读数时，应把游标卡尺水平拿着，对着光线明亮的地方，视线垂直于刻度表面，避免因斜视造成的读数误差。

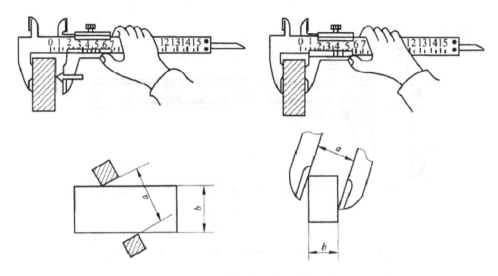

图 1-11　游标卡尺的正确使用

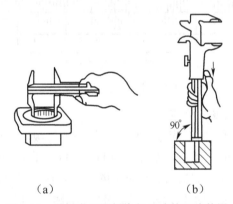

（a）　　　　　　　　　　（b）

图 1-12　游标卡尺测量内径尺寸的正确使用

## 二、千分尺

千分尺也是一种中等精度的量具，它的测量精确度比游标卡尺高。按用途分为外径千分尺、内径千分尺、螺纹千分尺等，通常所说的千分尺是指外径千分尺，如图 1-13 所示。普通千分尺的测量精确度为 0.01mm，因此，常用来测量加工精确度要求较高的零件尺寸。

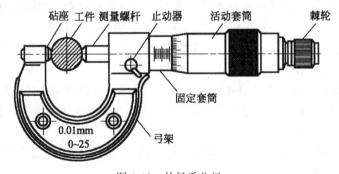

图 1-13　外径千分尺

千分尺的规格按测量范围划分,在 500 mm 以内,每 25 mm 为一档,如 0～25mm、25～50 mm、50～75 mm 等。在 500～1000mm 以内,每 100mm 为一档,如 500～600mm、600～700mm 等。使用时按被测工件的尺寸选用。其制造精度分为 0 级和 1 级两种,0 级精度最高,1 级稍差。

**1. 千分尺的结构**

如图 1-13 所示是测量范围为 0～25mm 的千分尺,它由弓架、砧座、测量螺杆、活动套筒、固定套筒、棘轮等组成。

**2. 刻线原理与读数方法**

千分尺的读数机构由固定套筒和活动套筒组成,在固定套筒上有上下两排刻度线,刻线每小格为 1mm,相互错开 0.5mm。测微螺杆右端螺距为 0.5mm,当活动套筒转一周时,测微螺杆轴向移动 0.5mm。活动套筒的圆周上共刻 50 格,因此,当活动套筒转一格时,测微螺杆就轴向移动 0.5mm /50=0.01mm,千分尺的读数值即为 0.01mm。

用千分尺测量时,其读数方法分为三个步骤,如图 1-14 所示。

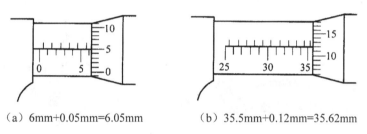

（a）6mm+0.05mm=6.05mm　　　（b）35.5mm+0.12mm=35.62mm

图 1-14　千分尺的读数方法

（1）读出活动套筒边缘在固定套筒上的尺寸值（即毫米或半毫米值）。

（2）读出活动套筒与固定套筒基准线对齐处的尺寸值（即不足半毫米的数值）。

（3）将两个读数值相加,即为所测零件的尺寸值。

**3. 千分尺的使用方法及注意事项**

（1）测量前,应将千分尺的砧座和测微螺杆的测量面擦拭干净,并检查零位的准确性。

（2）测量时,将零件的被测表面擦拭干净,以保证测量准确。千分尺要放正,先转动活动套筒,张开距离略大于被测尺寸,当测量面接近工件时,改用测力装置,至测力装置内棘轮发出"吱吱"声音时为止,即可读出读数。测量方法如图 1-15 所示。

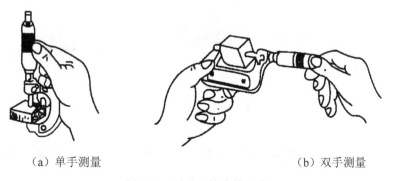

（a）单手测量　　　　　　　　　　（b）双手测量

图 1-15　千分尺的读数方法

（3）读数时，最好不取下千分尺进行读数。如需要取下，应先锁紧测微螺杆，然后轻轻取下千分尺，以防止尺寸变动，读数时要看清刻度，不要错读 0.5mm。

（4）不能用千分尺测量毛坯，更不能在工件转动时去测量，或将千分尺当锤子敲击物体。

（5）千分尺用完后应擦干净，并将测量面涂油防锈，放入专用盒内，不能与其他工具、刀具、工件等混放。

（6）千分尺应定期送计量部门进行精度检验。

4. 其他千分尺

（1）内径千分尺

内径千分尺是用以测量孔、沟槽及其他内尺寸的量具，如图 1-16 所示。内径千分尺的构造原理和读数方法与外径千分尺基本相同，只是套筒上的刻线尺寸与外径千分尺相反，测量方向和读数方向也与外径千分尺相反。图 1-16（a）所示内径千分尺的测量范围主要有 5～30mm 和 25～50mm 两种，测量精度为 0.01mm，操作过程中容易找正内孔直径，测量方便。图 1-16（b）所示为三点内径千分尺，三个测砧以 120°间隔均匀分布，可紧贴孔内壁，确定内孔轴线的确切位置，实现精确的内径测量。

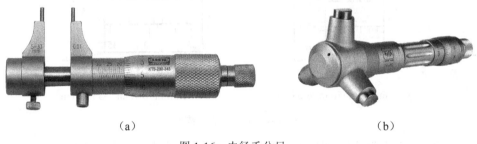

（a）　　　　　　　　　　　　　　　（b）

图 1-16　内径千分尺

（2）深度千分尺

深度千分尺是应用螺旋副转动原理将回转运动变为直线运动的一种量具，主要用于机械加工中零件深度、台阶等尺寸的测量，如图 1-17 所示。

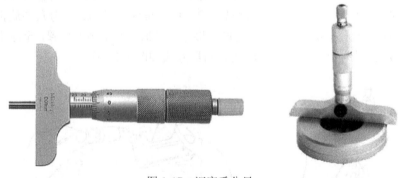

图 1-17　深度千分尺

（3）螺纹千分尺

螺纹千分尺主要用于测量外螺纹中径，按读数形式分为标尺式和数显式两种，如图 1-18 所示。

（a）标尺式

（b）数显式

图 1-18　螺纹千分尺

### 三、百分表

百分表是一种精密量具，它可用于机械零件的长度尺寸、形状和位置偏差的相对值测量，也可用来检验机床设备的几何精度或调整工件的装夹位置。

#### 1. 百分表的结构

百分表主要由测量头、测量杆、表圈、长指针、短指针，以及表内的齿轮、齿条等传动系统组成。测量时，当带有齿条的测量杆上升一定的距离时，通过齿轮、齿条传动系统，转换成表盘上长指针、短指针的转动，从而读出数值，如图 1-19 所示。

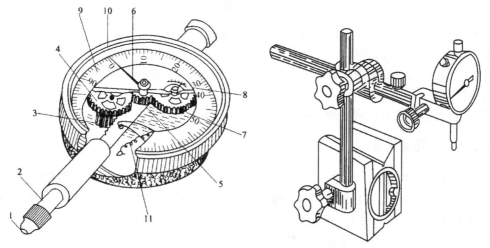

1-测量头；2-测量杆；3、5-小齿轮；4、7-大齿轮；6-长指针；8-短指针；10-表圈；11-拉簧

图 1-19　百分表

百分表的测量范围是指测量杆的最大移动量。百分表的测量范围一般有 0～3mm、0～5mm 与 0～10mm 三种。百分表的制造精度分为 0 级和 1 级两种，0 级精度较高。

#### 2. 百分表的刻线原理和读数方法

百分表内测量杆和齿轮的周节是 0.625mm。当测量杆上升 16 格时（即上升距离为 0.625×16=10mm），与测量杆啮合的 16 齿的小齿轮正好转一周，同时与该小齿轮同轴的齿数为 100 的大齿轮也转一周，就带动齿数为 10 的小齿轮和长指针转 10 周。由此可知，当测量杆上升 1mm 时，长指针转一周。由于表盘上共刻 100 格，所以长指针转过一格表示测量杆移动 0.01mm，即零件尺寸变化 0.01mm。故百分表的测量精度为 0.01mm。

测量读数时，先读短指针转过的刻度线（即毫米整数），再读长指针转过的刻度线（即小数部分），并乘以 0.01mm，然后将两数相加，即得所测量的数值。

3．百分表的使用方法及注意事项

（1）百分表在使用时应固定在专用的表架上，如图 1-19 右图所示。表架安置在平板或某一平整位置上，百分表在表架上的上、下、前、后位置可以任意调节。

（2）测量前，检查表盘、指针和测量头有无松动现象，以及指针的灵敏性和稳定性。

（3）测量时，测量杆应垂直零件表面，如图 1-20（a）所示。如要测圆柱表面，测量杆还应垂直通过圆柱工件的中心线，如图 1-20（b）所示。

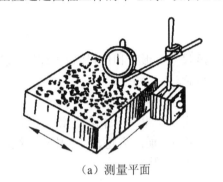
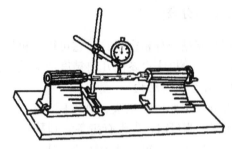

（a）测量平面　　　　　　　　　　　　　　（b）测量圆柱表面

图 1-20　百分表的使用

（4）测量时，按压测量杆的次数不要过多，距离不要过大，测量杆的行程不要超出它的测量范围，以免损坏表内零件。

（5）百分表表座要安放平稳，百分表要避免受到剧烈振动和碰撞。调整或测量时，不要使测量头突然撞落在被测件上。

（6）百分表用完后，应把测量杆等部位上油，放入专用盒内保管。

### 四、万能游标量角器

万能游标量角器是用来测量工件或样板内外角度的一种游标量具。按其测量精度分为 2′ 和 5′ 两种，其构造如图 1-21 所示。游标固定在底板上，它可以沿着扇形板转动。用夹紧块可以把角尺和直尺固定在底板上，可使测量角度在 0°～320°范围内调整。

1．万能游标量角器刻线原理及读数方法

万能游标量角器的刻线原理是根据游标原理制成的，测量精度 2′ 的万能游标量角器，其尺身上刻线每格为 1°，游标刻线是将尺身上 29°所占的弧长等分为 30 格，故游标每格所对的角度为 29°/30=58′，因此尺身每格与游标每格的差值为 2′，即万能游标量角器的测量精度为 2′。

万能游标量角器的读数方法与游标卡尺相似，先从尺身上读出游标零线前的整度数，再从游标上读出角度不足整度数的"′"值，两者相加就是被测件的角度数值。

万能游标量角器的扇形板上，基本角度的刻线只有 0～90°，如果测量的零件角度大于 90°，则读数时应加上一个基数（90°、180°、270°）。当零件角度为 90°～180°时，被测角度=90°+量角器的角度；当零件角度为 180°～270°时，被测角度=180°+量角器的角度；当零件角度为 270°～320°时，被测角度=270°+量角器的角度。

2．万能游标量角器的使用方法及注意事项

（1）测量前，应将万能游标量角器的测量面擦净，检查零位是否正确。

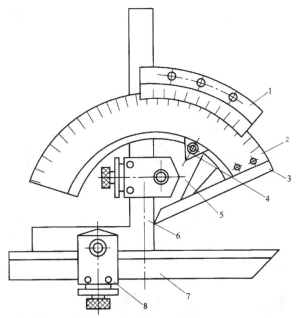

1-游标；2-扇形板；3-基尺；4-制动器；5-底板；6-角尺；7-直尺；8-夹紧块

图 1-21　万能游标量角器

（2）测量时，应使万能游标量角器的两个测量面与被测件表面在全长上保持良好接触，然后拧紧制动器上的螺母即可读数。

（3）测量角度在 0°～50°范围内时，应装上角尺和直尺；在 50°～140°范围内时，应装上直尺；在 140°～230°范围内时，应装上角尺；在 230°～320°范围内时，不装角尺和直尺，如图 1-22 所示。

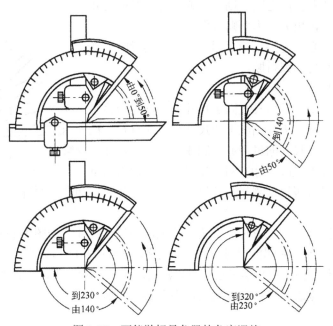

图 1-22　万能游标量角器的角度调整

（4）万能游标量角器用完后，应用干净纱布擦净上油，放入专用盒内保管。

### 五、其他量具

**1. 刀口尺**

刀口尺是样板平尺中的一种，如图 1-23 所示，可用漏光法或痕迹法检验直线度和平面度。

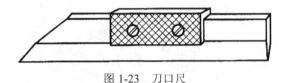

图 1-23　刀口尺

检查工件直线度时，刀口尺的测量棱边紧靠工件表面，然后观察漏光缝隙大小，判断工件表面是否平直，如图 1-24 所示。在明亮而均匀的光源照射下，全部接触表面能透过均匀而微弱的光线时，被测表面就很平直。

图 1-24　刀口尺的使用

**2. 厚薄规**

厚薄规主要用来检查两配合面之间的缝隙大小。它由一组薄钢片组成，其厚度为 0.03～0.3mm，如图 1-25 所示。测量时用厚薄规直接塞入间隙，若一片或数片能塞进两贴合面之间，则一片或数片的厚度之和（可由每片上的标记读出）即为两贴合面的间隙值。

使用厚薄规时，必须先擦干净尺面和工件，测量时不能使劲硬塞，以免尺片弯曲或折断。

**3. 卡规和塞规**

在成批大量生产中，常用具有固定尺寸的量具来检验工件，这种量具叫做量规。工件图纸上的尺寸是保证有互换性的极限尺寸。测量工件尺寸的量规通常制成两个极限尺寸，即最大极限尺寸和最小极限尺寸。测量光滑的孔或轴用的量规叫光滑量规。光滑量规根据测量内外尺寸的不同，分卡规和塞规两种。

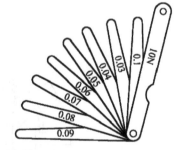

图 1-25　厚薄规

（1）卡规

卡规用来测量圆柱形、长方形、多边形等工件的外形尺寸，如图 1-26 所示。

测量时，如果卡规的通端能通过工件，而止端不能通过工件，则表示工件合格；如果卡规的通端能通过工件，而止端也能通过工件，则表示工件尺寸太小，已成废品；如果通端和止端都不能通过工件，则表示工件尺寸太大，不合格，必须返工。

（2）塞规

塞规是用来测量工件的孔、槽等内尺寸的。它也做成最大极限尺寸和最小极限尺寸两种。

它的最小极限尺寸一端叫做通端，最大极限尺寸一端叫做止端，常用的塞规形式如图 1-27 所示，塞规的两头各有一个圆柱体，长圆柱体一端为通端，短圆柱体一端为止端。检查工件时，通端通过工件而止端不能通过工件，则表面工件合格。

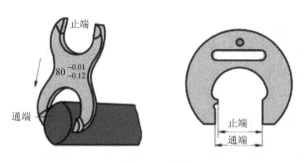

图 1-26　卡规

图 1-27　塞规

### 一、准备工作

1．游标卡尺、千分尺、万能游标量角器、百分表等常用量具。

2．被测工件，相关工具、辅具。

### 二、技能训练

（一）熟悉各种常用量具的结构、刻线原理及读数方法。

（二）掌握常用量具的选择和正确使用方法，完成零件的精确测量。

1．正确选择和使用游标卡尺测量被测件的外径尺寸、内径尺寸和孔的深度。

2．正确选择和使用千分尺测量两平行面之间的尺寸和外圆柱面直径。

3．使用万能游标量角器测量 30°、60°、135°、160°等角度，掌握万能游标量角器上直尺、90°直角尺的正确使用方法。

4．使用百分表测量外圆柱面的圆度、圆柱度及圆跳动误差。

（三）正确使用、维护和保养量具

1．使用前必须用纱布将其擦净。

2．不能用精密量具测量毛坯件或运动着的工件。

3．测量时不能用力过猛、过大，也不能测量温度高的工件。

4．量具不能与其他物品混放，也不能代替其他工具使用。

5. 量具使用后，应松开紧固装置，擦净上油，放入专用的量具盒内存放。

6. 量具要远离磁场，防止被磁化。

### 三、注意事项

1. 严格遵守车间安全操作规程。

2. 必须按规定的操作步骤和要求进行练习，禁止进行与训练内容无关的其他操作。

3. 练习完毕，正确放置、保养量具。

4. 清理工作场地。

### 四、检查评价，填写实训日志

| 检查评价单 | | | | | | |
|---|---|---|---|---|---|---|
| 序号 | 考核项目 | 考核要求及评分标准 | 分值 | 成绩 | | |
| | | | | 学生自检 | 小组互检 | 教师终检 |
| 1 | 使用量具前应检查并校对量具 | 操作不正确不得分 | 5 | | | |
| 2 | 正确使用游标卡尺、千分尺、万能量角器、百分表等量具 | 按使用过程总体评价 | 10 | | | |
| 3 | 相关零件外径、内径、长度、深度、角度、孔径、孔距尺寸及轴的圆度、圆柱度的测量 | 尺寸读数不正确不得分 | 65 | | | |
| 4 | 安全文明生产 | 严格遵守安全操作规程，按要求着装；操作规范，无操作失误；认真操作，维护车床 | 10 | | | |
| 5 | 团队协作 | 小组成员和谐相处，互帮互学 | 10 | | | |
| 合计 | | | | | | |
| 教师总评意见： | | | | | | |
| 问题及改进方法： | | | | | | |

问题思考

### 一、填空题

1. 游标卡尺按其测量精度，常用的有_____mm、_____mm 和_____mm 三种。

2. 游标卡尺只适用于_____精度的尺寸测量和检验，不能用游标卡尺测量_____的尺寸。

3. 千分尺按用途可分为_____、_____、_____等，常用来测量加工_____要求较高的工件尺寸。

4. 百分表是一种_____量具，它可用于机械零件_____值测量，也可用来检验机床设备的_____。

5. 万能游标量角器主要用来测量工件的_____，按其游标测量精度分为_____和_____两种。

二、选择题

1. 1/50mm 的游标卡尺，游标零线与尺身零线对齐时，游标上第 50 小格应与尺身上的（　　）mm 对齐。

　　A．49　　　　　　　　　　　　B．39

　　C．29　　　　　　　　　　　　D．19

2. 千分尺的制造精度分为 0 级和 1 级，其中 0 级精度（　　）。

　　A．稍差　　　　　B．一般　　　　　C．最高

3. 外径千分尺上棘轮的作用是（　　）。

　　A．限制测量力　　　　　　　　B．便于放置微分筒

　　C．校正千分尺　　　　　　　　D．补偿温度变化的影响

4. 内径千分尺的刻线方向与外径千分尺刻线方向（　　）。

　　A．相同　　　　　B．相反　　　　　C．相同或相反

5. 测量 0°～50°范围的角度时，应装上（　　）。

　　A．角尺　　　　　　　　　　　B．直尺

　　C．角尺和直尺　　　　　　　　D．两个都不安装

三、简答题

1. 试述游标卡尺的使用方法及注意事项。

2. 试述千分尺的刻线原理及读数方法。

3. 使用外径千分尺时应注意些什么？

4. 为什么百分表的测量杆移动 0.01mm 时，长指针转过一格？

5. 简述万能游标量角器的测量范围及使用方法。

6. 简述常用量具的维护和保养。

**拓展练习**

1. 根据零件的技术要求合理选用量具，熟练掌握各种量具的正确使用方法并能准确测量读数。

2. 能够根据零件的测量角度，熟练操作万能游标量角器直尺和角尺的拆换方法。

# 任务 3    金属切削机床知识准备

 **学习目标**

**【知识要求】**

掌握金属切削机床的分类和型号的表示方法；了解常用机床组、型（系）代号、主要技术参数、性能及结构特性等知识；熟悉机床维护保养知识及安全文明生产的重要性。

**【技能要求】**

能够识读设备型号、规格及主要技术参数，进行机床的维护保养。

 **任务描述**

本任务主要介绍金属切削加工机床的分类及型号编制、机床维护保养及安全文明生产的相关知识，使操作者能够识读机床型号、规格及主要技术参数，合理选择机床设备、进行机床设备的维护保养，培养学生安全文明生产意识，养成严格遵守安全操作规程的好习惯。

 **相关资讯**

机械加工设备分为热加工设备（毛坯加工设备）、冷加工设备（金属切削机床）和电加工设备。其中，金属切削机床是机械制造的主要加工设备，通常把采用金属切削（或特种加工）的方法加工金属坯料，使之获得所需要的尺寸、形状、位置精度及表面质量的机器称为金属切削机床。它是制造机器的机器，习惯上简称为机床。机床的技术性能直接影响着机械制造业的产品质量、生产率和经济效益，因此，机床在国民经济和现代化发展中起着重要的作用。

## 一、金属切削机床的分类和型号编制

**1. 机床的分类**

（1）按加工性质和所用刀具进行分类，主要分为 12 大类：

车床、钻床、镗床、磨床、齿轮加工机床、螺纹加工机床、铣床、刨插床、拉床、特种加工机床、锯床和其他机床。

（2）按加工精度分为普通机床、精密机床和高精度机床。

（3）按使用范围分为通用机床、专门化机床和专用机床。

通用机床的工艺范围很宽，可以加工一定尺寸范围内的多种类型零件，完成多种多样的工序。如卧式车床、万能升降台铣床、万能外圆磨床等；

专门化机床的工艺范围较窄，只能用于加工不同尺寸的一类或几类零件的一种（或几种）特定工序，如丝杆车床、凸轮轴车床等。

专用机床的工艺范围最窄，通常只能完成某一特定零件的特定工序。如加工机床主轴箱体孔的专用镗床、加工机床导轨的专用导轨磨床等。这类机床主要是根据特定的工艺要求专门设计制造的，生产率和自动化程度较高，适用于大批量生产。

（4）按自动化程度分为一般机床、半自动机床和自动机床。

（5）按自重和尺寸可分为仪表机床、中小型机床、大型机床和重型机床。

2．机床的型号

机床的型号是机床产品的代号，用以简明地表示机床的类型、主要技术参数、性能和结构特性等。目前，我国的机床型号是按 1994 年颁布的标准 GB/T15375-94《金属切削机床型号编制方法》编制的。此标准规定，机床型号由汉语拼音字母和阿拉伯数字按一定的规律组合而成。

通用机床型号的表示方式如图 1-28 所示。

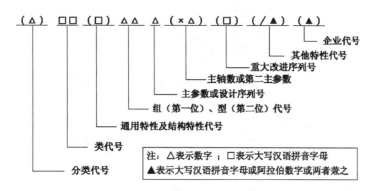

图 1-28 通用机床型号的表示方法

（1）机床的类别代号

普通机床的类别代号见表 1-2。

表 1-2 普通机床的类别代号

| 类别 | 车床 | 钻床 | 镗床 | 磨床 | | | 齿轮加工机床 | 螺纹加工机床 | 铣床 | 刨插床 | 拉床 | 特种加工机床 | 锯床 | 其他机床 |
|---|---|---|---|---|---|---|---|---|---|---|---|---|---|---|
| 代号 | C | Z | T | M | 2M | 3M | Y | S | X | B | L | D | G | Q |
| 读音 | 车 | 钻 | 镗 | 磨 | | | 牙 | 丝 | 铣 | 刨 | 拉 | 电 | 割 | 其他 |

（2）机床的特性代号

为了表示某机床的结构特性和通用特性，在代号后加一个汉语拼音字母以区别于同类的普通机床，特性代号见表 1-3。

表 1-3 机床的特性代号

| 通用特性 | 精密 | 高精度 | 自动 | 半自动 | 仿型 | 轻型 | 简式 | 加工中心 | 数控 | 加重型 | 柔性加工 | 高速 | 数显 |
|---|---|---|---|---|---|---|---|---|---|---|---|---|---|
| 代号 | G | M | Z | B | F | Q | J | H | K | C | R | S | X |
| 读音 | 高 | 密 | 自 | 半 | 仿 | 轻 | 简 | 换 | 控 | 重 | 柔 | 速 | 显 |

（3）机床的组和型代号

用两位阿拉伯数字表示，在类别代号或特性代号之后的第一位数字表示组，第二位数字表示型，具体意义查阅附录。

（4）机床主参数

机床主参数是反映机床规格大小的参数。在机床型号中，主参数的型号位于组、型代号之后，用数字表示，其数字是主参数的实际值或实际值的 1/10、1/100。常用机床的主参数见表 1-4 所示，其他具体意义查阅附表。

表 1-4　常用机床的主参数及折算系数

| 机床名称 | 主参数（mm） | 主参数的折算系数 |
| --- | --- | --- |
| 卧式车床 | 床身上的最大工件回转直径 | 1/10 |
| 摇臂钻床 | 最大钻孔直径 | 1 |
| 卧式坐标镗床 | 工作台面宽度 | 1/10 |
| 外圆磨床 | 最大磨削直径 | 1/10 |
| 立式升降台铣床 | 工作台面宽度 | 1/10 |
| 卧式升降台铣床 | 工作台面宽度 | 1/10 |
| 龙门刨床 | 最大刨削宽度 | 1/100 |
| 牛头刨床 | 最大刨削长度 | 1/10 |

（5）机床的重大改进序列号

当机床的性能和结构有重大改进时，并按新的机床产品重新试制鉴定时，分别用汉语拼音 A、B、C⋯在原机床型号的最后表示设计改进的次序。

（6）其他特性代号

用以反映各类机床的特性，如仅改变机床的部分性能结构时，则在"/"后用大写汉语拼音字母或阿拉伯数字来表示，以与原机床型号区别。

（7）企业代号

企业代号包括机床生产厂家及机床研究单位代号。企业代号通常置于辅助部分的尾部。

机床的型号表示含义如下例所示：解释 CA6140 和 M7132 的含义。

1．CA6140

解　此机床代号的含义是：

C——类别代号，查表 1-2，C 表示车床类；

A——重大改进序列号，表示经过第一次重大改进；

61——组、型代号，查阅附表，61 表示卧式车床；

40——主参数的折算值，查表 1-4，主参数的折算系数是 1/10，表示该机床的最大工件回转直径是 400mm。

2．M7132

解　此机床代号的含义是：

M——类别代号，查表 1-2，C 表示磨床类；

7——组代号，查阅附表，7 表示平面及端面磨床组；

1——型代号，查阅附表，1 表示卧轴矩台型；

32——主参数的折算值，查表 1-4，主参数的折算系数是 1/10，表示该机床工作台面宽度是 320mm。

### 二、机床的维护保养

为了保持机床的良好运行状态，提高机床的工作效率，保证其性能、精度，延长机床的使用寿命，应坚持定期检查机床，对机床进行维护与保养，防止机床故障及恶性事故的发生。机床的维护保养一般分为日常维护、保养和计划维修。

1. 机床的日常维护

机床的日常维护主要是对机床的及时清洁和定期润滑。

机床的清洁是指在开动机床之前，清除机床的灰尘、切屑，保证机床运动部件无异物放置。工作完毕后，要及时清理机床导轨上的切屑、切削液，并在导轨上涂润滑油。

机床的润滑有分散润滑和集中润滑两种。分散润滑是在机床的各个润滑点分别用独立。分散的润滑装置进行一般是由操作者在机床开动之前进行的定期手动润滑。集中润滑是由润滑系统来完成的，操作者只要按机床说明书的要求定期加油和换油即可。

2. 机床的保养

机床的保养分为例行保养（日保养）、一级保养（月保养）和二级保养（年保养）。

例行保养：由机床操作者每天独立完成。保养的内容除了日常维护外，还要在开机床前检查机床，周末对机床进行大清洗工作等。

一级保养：机床运转 1～2 个月（两班制）进行一次。以机床操作人员为主，维修人员配合，对机床的外露部件和易磨损部分进行拆卸、清洗、检查、调整和坚固，如对传动部分的离合器、制动器、丝杠螺母间隙进行调整，对润滑冷却系统进行检修等。

二级保养：机床每运转一年，以维修人员为主，操作人员参加，进行一次包括修理内容的保养。除一级保养外，二级保养还包括：修复、更换磨损零件，调整导轨间隙，刮研维修镶条，更换润滑油和冷却液，检修电气系统，检验和调整机床精度等工作。

3. 机床的计划维修

机床的计划维修分为小修、中修和大修。

（1）小修。一般情况下，可以用二级保养代替。以维修人员为主，对机床进行检修、调整，并更换个别严重磨损的零件，修磨导轨的划痕。

（2）中修。在中修前必须对机床进行全面的预检，确定中修项目，制定中修预检工作单，并准备好外购件。

中修时，除进行二级保养外，以维修人员为主，对机床的局部有针对性地进行维修。修理时，拆卸、分解、清洗、检定所有零部件，修复和更换主要零部件，使其能工作到下一维修期的零部件，修研导轨面和工作台台面；对机床外观进行修复、涂漆；对修复的机床按精度标准进行验收试验，个别难以达到标准的部分留至大修时修复。

（3）大修。在大修前，必须对机床进行全面的预检，必要时对磨损零件进行测绘，制定大修预检工作单，做好维修前配件的购置和加工制作。大修工作以专门维修人员为主，维修时，拆卸整台机床，对所有零件进行检查；更换或修复不合格的零件；修刮全部刮研表面，恢复机床原来精度并达到出厂标准；对机床非重要部分按出厂标准进行恢复，然后按机床验收标准进行检验。

### 三、安全文明生产

安全文明生产是生产管理的重要工作，是保障操作人员和机床设备的安全，防止工伤和设备事故和根本保证，也是搞好企业经营管理的内容之一。它直接影响到人身安全、产品质量和经济，影响机床设备和工具、夹具、量具的使用寿命及操作人员技术水平的正常发挥。因此，每一个机床操作者必须要严格遵守安全文明生产的相关规定。

#### 1. 安全生产

操作机床时，由于操作者忽视安全规则而造成不必要的人身事故或设备事故频发，为此，必须高度重视和遵守安全操作规范。

（1）工作规范

① 工作时必须穿戴好工作服，袖口应扎紧或戴套袖。女生应戴工作帽，辫子或长发应盘塞在工作帽内。

② 不准穿背心、裙子、短裤以及戴围巾（或首饰）、穿拖鞋或高跟鞋进入工作训练场地。

③ 不准戴手套操作机床，以免发生事故。

④ 高速切削加工时，需要戴好防护眼镜。

⑤ 切削过程中或刀具未完全停止转动前，不能用手触摸工件、测量或制动，以防划伤手，造成伤害。

⑥ 清除切屑时必须使用毛刷或钢丝刷，不能用手抓、用嘴吹或用棉纱清除；切屑飞入眼睛时切勿用手揉擦，应及时请医生治疗。

⑦ 不准随意开启或触摸不熟悉的机床设备或电器，当机床电器损坏时，应关闭总开关，请专业人员维修。

（2）安全操作规范

① 机床使用前应检查各部分机械是否完好。如各操作手柄原始位置是否正确、运动是否正常等。

② 开车前检查刀具和工件是否装夹牢固，以防飞出伤人。

③ 机床动转过程中，不得进行装卸工件、更换刀具、测量工件等工作。

④ 严禁戴手套操作机床或测量工件。

⑤ 操作机床时，严禁离开工件岗位，不准做与操作内容无关的其他事情。

⑥ 操作中若出现异常现象，应及时停车检查；出现故障、事故时应立即切断电源，及时申报，请专业人员检修，未修复前不得使用。

#### 2. 文明生产

文明生产是机床操作人员科学工作的基本内容，反映了操作人员的技术水平和管理水平，文明生产主要包括以下内容。

（1）机床保养

应做到严格遵守操作规程、熟悉机床性能和使用范围、懂得机床维修保养常识，能做到定期检查、定期维护保养。

（2）场地环境

操作者应保持周围场地地面清洁、无油垢。踏板应安放牢固，无切屑、油垢，高低应适当。机床主轴箱、工作台、导轨等主要部件上不得放置任务物品。

（3）工具、夹具、量具保养

工具箱应安放整齐，分类摆放，并定期进行检查。工具、夹具、量具应正确使用，放置整齐合理，放置在固定位置，便于操作时取用，用后应放回原处。量具应保持清洁，用后擦净涂油，放入盒内，并应定期检验，以保证其测量的准确度。

（4）工艺文件的保管

操作人员使用的图纸、工艺过程卡片等工艺文件是生产的依据，使用时应保持清洁、完好。用后应妥善保管。

### 一、准备工作

1. 穿戴好劳保用品，参观实训中心，熟悉工作场地。
2. 机床设备及维修保养相关知识准备。

### 二、技能训练

1. 熟悉工作场地，了解安全文明生产常识。
2. 掌握机床设备的分类、型号的编制及主要技术参数。
　（1）能够正确区分各种机床设备，了解设备分类；
　（2）能够解释机床型号的含义；
　（2）CA6140 型车床认知，了解型号编制及主要技术参数；
3. 正确使用、维护和保养工具、夹具、量具。

### 三、注意事项

1. 严格遵守车间安全操作规程。
2. 必须按规定操作步骤和要求进行练习，禁止进行与训练内容无关的其他操作。
3. 练习完毕，正确放置、保养工具、夹具、量具。
4. 清理工作场地。

### 四、检查评价，填写实训日志

| 检查评价单 | | | | | | |
|---|---|---|---|---|---|---|
| 序号 | 考核项目 | 考核要求及评分标准 | 分值 | 成绩 | | |
| | | | | 学生自检 | 小组互检 | 教师终检 |
| 1 | 能够正确区分各类机床设备 | 不正确不得分 | 10 | | | |
| 2 | 了解机床设备型号的组成内容及主要技术参数的表示方法 | 总体评价 | 10 | | | |

续表

| 序号 | 考核项目 | 考核要求及评分标准 | 分值 | 成绩 | | |
|---|---|---|---|---|---|---|
| | | | | 学生自检 | 小组互检 | 教师终检 |
| 3 | 正确解读各类机床型号的含义，CA6140、Z525、X6132 等 | 解读不正确不得分 | 65 | | | |
| 4 | 安全文明生产 | 严格遵守车间安全操作规程，按要求着装；不随意开启设备，进行与练习无关的其他操作 | 10 | | | |
| 5 | 团队协作 | 小组成员和谐相处，互帮互学 | 10 | | | |
| 合计 | | | | | | |
| 教师总评意见： | | | | | | |
| 问题及改进方法： | | | | | | |

**问题思考**

**一、填空题**

1．机械加工设备分为_____、_____和_____三大类。

2．按加工性质和所用刀具进行分类，机床主要分为_____大类；按加工精度可分为_____、_____和_____。

3．机床的维护保养一般分为_____、_____和_____。其中机床的保养又分为_____、_____和_____。

4．_____是生产管理的重要工作，是保障操作人员和机床设备的安全、防止工伤和设备事故的根本保证。

**二、简答题**

1．参观实习场地时应注意哪些问题？

2．机床设备的标牌上包含哪些内容？

3．使用机床时，为什么要进行机床的维护和保养？机床的维修和保养包括哪些内容？

4．安全文明生产的意义是什么？

**拓展练习**

参观机械加工综合实训中心，解释下列机床型号的含义：CA6140、X6132、M6132A、XK5040。

# 项目二 车削加工

## 任务1 车床的基本操作

 学习目标

**【知识要求】**

1. 了解车床结构，掌握各部分的作用；掌握三爪自定心卡盘的结构。
2. 正确使用和维护保养车床。
3. 掌握 CDZ6140 型车床的维护保养及车床的安全生产。

**【技能要求】**

1. 会操作车床；熟练掌握床鞍、中滑板、小滑板进退刀方法。
2. 掌握三爪自定心卡盘装夹及拆卸方法，掌握刻度盘和分度盘的应用。
3. 学会查阅资料和自我学习，能灵活运用知识解决实际问题。

 任务描述

卧式车床在车削加工中应用最广泛，它主要适合于单件、小批量的轴类、盘类工件加工，操作者应该了解车床的基本结构，能够正确操作和维护车床，本任务以 CDZ6140 车床为例进行讲解。

 相关资讯

（一）CDZ6140 型车床型号简介

在车床正面的主轴箱上镶有标着生产厂家、型号的金属标牌，如"×××机床厂 CDZ6140"。其中，车床的型号代表着车床的重要信息。根据 GB/T15375-1994 编制方法规定，它由汉语拼音字母及阿拉伯数字组成。

（二）CDZ6140 型车床的结构

CDZ6140 型车床的外形结构如图 2-1 所示。它主要由床身、主轴箱、交换齿轮箱、进给箱、溜板箱、床鞍、刀架、尾座及冷却、照明装置等部分组成。

1. CDZ6140 型车床各部分结构及作用

CDZ6140 型车床是德州机床厂制造的卧式车床，其通用性好、精度较高，性能较优越。根据其外形结构，在加工车间实地分辩其床身、主轴箱、交换齿轮箱、进给箱、溜板箱和床鞍、

刀架、尾座及冷却、照明等部分，了解其结构及作用，如表 2-1 所示。

1-主轴箱；2-刀架；3-冷却、照明装置；4-尾座；5-床身；6、11-床脚；7-丝杠；8-光杠；

9-操纵杆；10-溜板箱

图 2-1　CDZ6140 型车床的外形

表 2-1　CDZ6140 型车床各部分结构及作用

| 名称 | 结构及作用 |
| --- | --- |
| 主轴箱 | 主轴箱支撑主轴，带动工件做旋转运动，箱内有齿轮、轴、拨叉等；箱外有手柄，变换手柄位置可使主轴得到多种转速。卡盘装在主轴上，卡盘夹持工件做旋转运动，以实现车削 |
| 交换齿轮箱 | 交换齿轮箱接受主轴箱传递的转动，并由此传递给进给箱。它由多级齿轮啮合，通过齿轮搭配或配合进给箱，完成车削螺纹或车削时纵、横向进刀的需要 |
| 进给箱 | 进给箱接受交换齿轮箱传递的转动，并由此传递给光杠或丝杠，完成机动进给，通过调节面板上的手柄和手轮位置可以实现车削旋转表面和车削各种螺纹 |
| 溜板箱 | 溜板箱接受光杠或丝杠传递的运动，以驱动床鞍、中滑板、小滑板及刀架，实现车刀的纵、横向自动进给运动 |
| 刀架 | 刀架安装在小滑板上，由床鞍、中滑板、小滑板的运动带动其做直线（斜线、弧线）运动，从而使车刀完成工件表面的各项车削加工 |
| 尾座 | 尾座安装在床身导轨上，并沿此导轨纵向移动。它用来装夹顶尖、支顶较长工件，还可以装夹钻头、铰刀、中心钻等 |
| 床身 | 床身支撑和连接车床的各个部件，并保证各部件在工作时间精确的相对位置。车床上精度要求很高的导轨（山形、平形）就安装在床身上 |
| 床脚 | 床脚支撑安装在车床床身上的各个部件。床脚上的地脚螺栓将整合车床固定在工作场地上，而其上的调整垫块可以使床身调整到水平状态 |
| 冷却、照明装置 | 照明灯使用安全电流，提供操作者充足的光线，保证明亮、清晰的操作环境。切削液被冷却泵加压后，通过冷却管喷射到切削区域，降低切削温度，冲走切屑，润滑加工表面，以提高刀具寿命和工件的表面加工质量 |

（1）主轴箱的手柄

不同型号、不同厂家生产的车床，其主轴变速操作不尽相同，可参考相关的车床说明书。

如图 2-2 所示为主轴箱手柄位置。CDZ6140 型车床主轴变速通过改变主轴箱正面右侧两个叠套的手柄位置来控制。前面的短手柄 3 有两个挡位，每个挡位上有四级转速，若要选择其中某一转速，可通过后面的手柄来控制。后面的长手柄 4 除有两个空挡外，尚有两个挡位，只要将手柄位置拨到其所显示的颜色与左侧手柄 1 所处挡位上的转速数字所标示的颜色相同的挡位即可。

主轴箱正面中间的手柄 2 是加大螺距及正常螺距变换的操作机构。它有两个挡位：左上挡位为车削正常螺距，右上挡位为车削加大螺距。

（2）进给箱手柄

如图 2-3 所示，CDZ6140 型车床进给箱正面左侧手柄 23 选择公、英制螺纹，右侧有三个手柄——上面的手柄 22（C）、下面的手柄 20（B）和手柄 24（A）配合用以调整螺距及进给量；右侧中间手柄 21 是丝杠、光杠变换手柄，开车时不能搬动。实际操作时应根据加工的要求，查找进给箱油池盖上的螺纹和进给量调配表来确定手轮和手柄的具体位置。

图 2-2 主轴箱手柄位置

图 2-3 进给箱手柄位置

（3）刻度盘及分度盘

溜板箱的组成及手柄位置如图 2-4 所示。

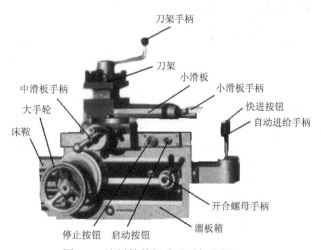

图 2-4 溜板箱的组成及手柄位置

①溜板箱正面的大手轮上的刻度盘分为 300 格，每转过 1 格，表示床鞍纵向移动 1mm。

②中滑板丝杠上的刻度盘分为 100 格，每转过 1 格，表示刀架横向移动 0.05mm。

③小滑板丝杠上的刻度盘分为 100 格，每转过 1 格，表示刀架纵向移动 0.05mm。

④小滑板上的分度盘在刀架需斜向进刀加工短锥体时，可顺时针或逆时针在 90° 范围内转过某一角度，控制进刀的角度。使用时先松开锁紧螺母，转动小滑板至所需要角度后，再锁紧螺母以固定小滑板。

⑤分度盘。加工锥度时使用，小滑板顺时针转动加工倒锥；反之，加工正锥，如图 2-5 所示。

（4）刀架

刀架依靠刀架上的手柄逆时针转动（或顺时针转动）来控制刀架的转位或锁紧。

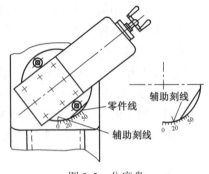

图 2-5　分度盘

2．CDZ6140 型车床的传动系统

机床中把电动机的旋转运动转化为工件和车刀运动的一系列部件和机构称为传动系统。把运动经过的传递机构称为传动路线。机床的主运动是工件的高速旋转运动。机床的进给运动是车刀或滑板的纵向或横向直线运动。操作者通过传动系统控制主运动和进给运动，按照要求完成所需要的切削加工。

CDZ6140 型车床的传动路线如图 2-6 所示。

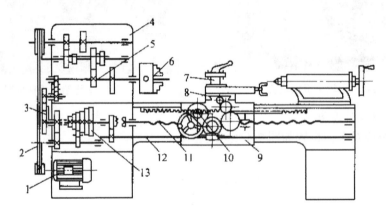

（a）传动结构示意图

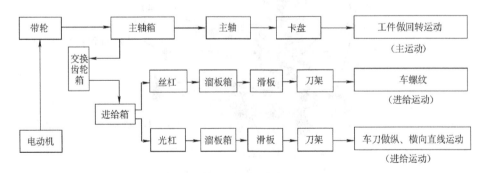

（b）传动路线图

图 2-6　CDZ6140 型车床的传动路线图

主运动是通过电动机驱动带轮，把运动输入到主轴箱。通过变速机构，变速齿轮使主轴得到不同的转速，再经卡盘（或夹具）带动工件旋转。进给运动则是由主轴箱齿轮把旋转运动通过交换齿轮传给进给箱变速后，由丝杠（或光杠）驱动溜板箱、床鞍、滑板、刀架，从而控制车刀的运动轨迹，完成车削各种表面的工作。

（三）三爪自定心卡盘

**1. 三爪自定心卡盘的结构**

三爪自定心卡盘的分解结构如图 2-7 所示。它主要由外壳体、三个卡爪、三个小锥齿轮、一个大锥齿轮等零件组成。当卡盘扳手方榫插入小锥齿轮 2 的方孔 1 中转动时，小锥齿轮就带动大锥齿轮 3 转动，大锥齿轮的背面是平面螺纹 4，卡爪 5 背面的螺纹与平面螺纹啮合，从而驱动三个卡爪同时沿径向夹紧或松开工件。常用的卡盘规格有 $\phi150mm$、$\phi200mm$、$\phi250mm$。

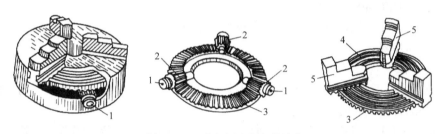

图 2-7　三爪自定心卡盘的结构

**2. 三爪自定心卡盘安装前的准备工作**

由于三爪自定心卡盘是通过连接盘与车床主轴连为一体的，所以连接盘与车床主轴、三爪自定心卡盘之间的同轴度要求很高。连接盘与主轴及卡盘间的连接方式如图 2-8 所示。

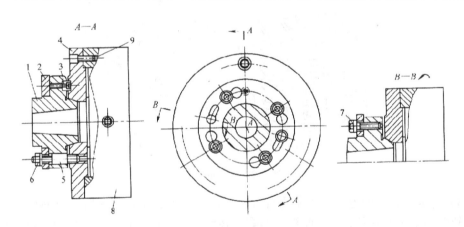

图 2-8　连接盘与主轴及卡盘间的连接

CDZ6140 型车床主轴前端为短锥法兰盘型结构，用以安装连接盘。连接盘由主轴上的短圆锥定位。安装前，要根据主轴短圆锥面和卡盘后端的台阶孔孔径配制连接盘。安装时，让连接盘 4 的四个螺栓 5 及其上的螺母 6 从主轴轴肩和锁紧盘 2 上的孔内穿过，螺栓中部的圆柱与主轴轴肩上的孔精密配合，然后将锁紧盘转过一个角度，使螺栓进入锁紧盘上宽度较窄的圆弧槽段，把螺母卡住，接着再拧紧螺母，于是连接盘便可靠地安装在主轴上。

连接盘前面的台阶面是安装卡盘 8 的定位基面，与卡盘的后端面和台阶孔（俗称止口）

配合，以确定卡盘相对于连接盘的正确位置（实际上是相对主轴中心的正确位置）。通过三个螺钉9将卡盘与连接盘连接在一起。这样，主轴、连接盘、卡盘三者可靠地连为一体，并保证了主轴与卡盘同轴。端面键3可防止连接盘相对主轴转动，是保险装置。紧定螺钉7主要起紧固连接盘的作用。

### 一、三爪自定心卡盘卡爪的装配

（一）准备工作

1. 设备：CDZ6140型车床。

2. 工具及夹具：三爪卡盘、三爪卡盘扳手、木板。

（二）操作步骤

1. 卡爪的装卸

（1）确定选用正、反卡爪。正卡爪用于装夹外圆直径较小和内孔直径较大的工件，反卡爪用于装夹外圆直径较大的工件。

（2）安装卡爪时，要按卡爪上的号码1、2、3的顺序装配。若号码看不清楚，则可把三个卡爪并排放在一起，比较卡爪端面螺纹牙数的多少，多的为1号卡爪，少的为3号卡爪，如图2-9所示。

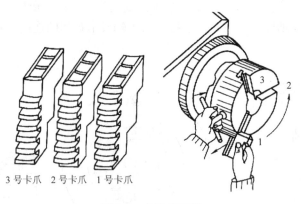

3号卡爪  2号卡爪  1号卡爪

图2-9  卡爪的安装

（3）将卡盘扳手的方榫插入卡盘外壳圆柱面上的方孔中，按顺时针方向旋转，以驱动大锥齿轮背面的平面螺纹，当平面螺纹的螺扣转到将要接近壳体上的1槽时，将1号卡爪插入壳体槽内，继续顺时针转动卡盘扳手，分别在卡盘壳体上的2槽、3槽处依次装入2号、3号卡爪。

2. 装夹三爪自定心卡盘

（1）装夹卡盘前应切断电动机电源，并将卡盘和连接盘各表面（尤其是定位配合表面）擦净涂油。在靠近主轴处的床身导轨上垫一块木板，以保护导轨面不受意外撞击。

（2）用一根比主轴通孔直径稍小的硬木棒穿在卡盘中，将卡盘抬到连接盘端，将棒料一端插入主轴通孔内，另一端伸在卡盘外。

（3）小心地将卡盘背面的台阶孔装配在连接盘的定位基面上，并用三个螺钉将连接盘与卡盘可靠地连为一体，然后抽去木棒，撤去垫板。

（4）卡盘装在连接盘上后，应使卡盘背面与连接盘平面贴平、贴牢。

**3．三爪自定心卡盘的拆卸**

（1）拆卸卡盘前应切断电源，注意安全。最好由两个人共同完成拆卸工作。在主轴孔内插入一根硬质木棒，木棒另一端伸出卡盘之外并搁置在刀架上，垫好床身护板，以防意外撞伤床身导轨面。

（2）卸下连接盘与卡盘连接的三个螺钉，并用木锤轻敲卡盘背面，以使卡盘从连接盘的台阶上分离下来。

（3）小心地抬下卡盘。

（4）拆卸卡爪的方法与装配卡爪的方法相反。

## 二、CDZ6140 型车床的操作

（一）准备工作

设备：CDZ6140 型车床。

（二）操作步骤

CDZ6140 型车床操作手柄位置图如图 2-10 所示。

**1．车床的启动和停止**

（1）检查车床是否处于正确状态，即变速手柄 3、4 要处于空挡位置，离合器要处于正确位置，主轴操纵杆手柄 15 和 19 要处于停止状态。确定无误后合上车床电源总开关。

（2）按下床鞍上的绿色启动按钮，启动电动机。

（3）将进给箱右下侧主轴操纵杆 19 向上提起，实现主轴正转，该操纵杆处于中间、向下位置时分别实现停止、反转。停止主轴转动测量工件时，必须按下床鞍上的红色按钮 17。车床长时间停止时则必须关闭车床电源总开关，如图 2-11 所示。

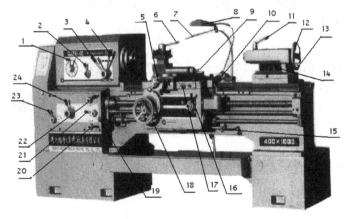

图 2-10　CDZ6140 型车床的操作手柄位置图　　　　图 2-11　电源总开关

**2．主轴箱变速操作**

调整主轴箱变速手柄 3、4 和手柄 1 的配合，可起到调整主轴转速的作用，调速范围为 12r/min～1000r/min。如图 2-12 所示为 160r/min。

图 2-12　主轴箱变速手柄的调整

3. 溜板箱的操作

（1）顺时针转动溜板箱左侧的大手轮 18，床鞍向右移动；反之，床鞍向左移动，可实现纵向移动。

（2）顺时针转动中滑板横向移动手柄 5，车外圆时，中滑板向远离操作者的方向移动（即横向进刀）；反之，则是横向退刀。

（3）顺时针转动小滑板移动手柄 9，小滑板向左移动；反之，小滑板向右移动。

4. 刻度盘与分度盘操作

（1）转动大手轮 18，每转过 1 格床鞍移动 1mm。例如，刻度盘逆时针转动 250 格，表示向左纵向进刀 250mm。

（2）转动中滑板，横向移动手柄 5，每转过 1 格，中滑板横向移动 0.05mm。例如，顺时针转过 10 格表示横向进刀 0.5mm。

（3）顺时针转动小滑板，移动手柄 9，转过 1 格表示向左纵向进刀 0.05mm。

5. 进给箱的操作

（1）根据纵向、横向进给量，确定进给箱上手轮与手柄的位置并调整。例如，选择纵向进给量为 0.40mm，横向进给量为 0.20mm 时，即小滑板移动手柄顺时针转动 8 格，中滑板横向移动手柄顺时针转动 4 格。

（2）根据加工螺纹的螺距，查进给箱铭牌，调整手轮、手柄的位置。例如，确定车削螺距为 1mm 的米制螺纹，根据机床铭牌表选择手柄的位置。

6. 机动进给操作

（1）扳动溜板箱右侧的刀架纵向、横向自动进给手柄 10（带十字槽），使它的方向与纵向进给方向一致，按下手柄顶部的"快进"按钮，实现床鞍快速纵向移动。

（2）把手柄 10 扳至横向进给位置时，按下其顶部的"快进"按钮，实现刀架快速横向移动。

7. 刀架的操作

逆时针转动刀架手柄，刀架可以逆时针转动，以调换车刀；顺时针转动刀架手柄时，刀架则被锁紧。

8. 尾座的操作

（1）逆时针扳动尾座套筒固定手柄 11，松开尾座套筒，转动尾座右端的手轮 13 进退套筒；顺时针扳动尾座套筒固定手柄 11，可以将套筒固定在所需位置。

（2）顺时针扳动尾座快速紧固手柄 12 可以松开尾座。把尾座沿床身前后移动后，逆时针扳动尾座快速紧固手柄 12，快速地把尾座固定在床身的某一位置。

### 三、注意事项

1. 当床鞍快速进到离主轴箱或尾座有一定距离时，应立即放开"快进"按钮，停止快进，以避免床鞍撞击主轴箱或尾座。

2. 把手柄扳至横向进给位置时，按下"快进"按钮 10 实现刀架快速横向移动。

3. 当中滑板前后伸出床鞍足够远时，应立即放开"快进"按钮，停止快进，避免因中滑板悬伸太长而使燕尾导轨受损，影响运动精度。

4. 当刀架上装有车刀时，转动刀架时应避免车刀与工件或卡盘相撞。必要时，在刀架转位前可将中滑板向远离工件的方向退出适当距离。

### 四、检查评价，填写实训日志

<table>
<tr><th colspan="7">检查评价单</th></tr>
<tr><th rowspan="2">序号</th><th rowspan="2">考核项目</th><th rowspan="2">考核内容及要求</th><th rowspan="2">分值</th><th colspan="3">成绩</th></tr>
<tr><th>学生自检</th><th>小组互检</th><th>教师终检</th></tr>
<tr><td>1</td><td>三爪卡盘的安装及卡爪的装拆</td><td>按卡盘、卡爪的安装顺序及速度酌情扣分</td><td>20</td><td></td><td></td><td></td></tr>
<tr><td>2</td><td>熟悉车床的各操作手柄的位置</td><td>按熟练程度酌情扣分</td><td>20</td><td></td><td></td><td></td></tr>
<tr><td>3</td><td>车床的操作练习（主轴箱、溜板箱等）</td><td>按熟练程度酌情扣分</td><td>30</td><td></td><td></td><td></td></tr>
<tr><td>4</td><td>安全文明生产</td><td>严格遵守安全操作规程，按要求着装；操作规范，无操作失误；认真操作，维护车床</td><td>15</td><td></td><td></td><td></td></tr>
<tr><td>5</td><td>团队协作</td><td>小组成员和谐相处，互帮互学</td><td>15</td><td></td><td></td><td></td></tr>
<tr><td colspan="4">合计</td><td></td><td></td><td></td></tr>
<tr><td colspan="7">教师总评意见：</td></tr>
<tr><td colspan="7">问题及改进方法：</td></tr>
</table>

### 问题思考

#### 一、填空

1. 车床主要由床身、_____箱、_____箱、_____箱、_____箱、床鞍、刀架、尾座及冷却、照明装置等部分组成。

2. 交换齿轮箱可以把主轴箱的运动传递给_____。

3. 车床必须有_____运动和_____运动相配合，才能完成车削工作。

4．三爪自定心卡盘由外壳体、三个_____、三个_____和一个大锥齿轮等组成。主要通过_____与车床主轴连为一体，常用的有_____mm、_____mm 和_____mm 等规格。

5．检查车床是否处于正确状态，即变速手柄 3、4 要处于空挡位置，离合器要处于正确位置，主轴操纵杆手柄 15 和 19 要处于停止状态。确定无误后，合上车床电源总开关。

6．车床操纵手柄有上、中、下三个位置，其中间位置控制主轴_____转，上边位置控制主轴_____转，下边位置控制主轴_____转。

7．顺时针转动溜板箱左侧的大手轮，床鞍可_____移动；反之，床鞍_____移动，实现纵向移动。

8．安装三爪卡盘的卡爪时，一定要按照卡爪号码_____、_____、_____的顺序安装。

二、选择

1．车床的（　　）能把主轴箱的运动传递给进给箱。
　　A．光杠、丝杠　　　B．交换齿轮箱　　C．溜板箱
2．（　　）手柄能控制刀架的横向移动。
　　A．中滑板　　　　　B．小滑板　　　　C．床鞍
3．三爪自定心卡盘只能装夹形状（　　）的工件。
　　A．规则　　　　　　B．不规则　　　　C．一般
4．中滑板手柄可控制刀架横向进给量，（　　）旋转中滑板手柄，刀架向远离操作者的方向移动。
　　A．顺时针　　　　　B．逆时针　　　　C．先顺时针再逆时针
5．使用三爪自定心卡盘的卡爪可装夹（　　）的工件。
　　A．较大　　　　　　B．较小　　　　　C．任意

三、简答

1．车削加工的切削运动有哪些？
2．车床由哪些主要部件组成？这些部件各起什么作用？
3．若需要使床鞍向左移动 300mm，应操纵哪个手轮？转过多少刻度？
4．摇动哪个手柄可使车刀横向进给 1.25mm，应该顺时针转动还是逆时针转动？应转过多少格？
5．简述三爪自定心卡盘的结构及装配。

拓展练习

熟悉车床的各操纵手柄的位置，进行车床的操作方法练习。

# 任务 2　车刀的刃磨与安装

**【知识要求】**

1. 掌握车刀的种类和用途。
2. 掌握车刀的几何角度及初步选择。
3. 掌握车刀的安装要求及工件的安装方法。

**【技能要求】**

1. 能合理选用车刀，根据工件合理选择车刀的几何角度。
2. 能合理选用砂轮并刃磨车刀。
3. 能够正确安装车刀和工件。

　　本任务主要介绍车刀的种类和用途、车刀的几何参数及选用方法，使操作者能够掌握车刀正确的刃磨方法，根据不同的加工阶段和工件的结构特点合理选择车刀几何参数，能够熟练掌握车刀及工件的正确安装方法。

## 一、认识车刀

### 1. 车刀的种类

按车刀所加工的表面特征来分，有外圆车刀、车槽车刀、螺纹车刀、内孔车刀及成型车刀等。

### 2. 认识车刀切削部分的几何要素

（1）车刀的组成部分

车刀由刀头（或刀片）和刀柄两部分组成。刀头承担主要切削工作，又称为切削部分；刀柄是刀具上的夹持部分。普通外圆车刀的切削部分由前面、主后刀面、副后刀面、主切削刃、副切削刃和刀尖组成，如图 2-13 所示。

刀尖是主、副切削刃连接处的一小段切削刃。为了提高刀尖的强度和耐磨性，往往将刀尖磨成圆弧形或直线形的过渡刃。当直线过渡刃与进给方向平行，其宽度大于 1.2 时，该过渡刃就称为修光刃，具有修光刃的刀具如果刀刃平直、装刀精确、工艺系统刚性足够，即使在大进给量切削条件下，仍能达到很小的表面粗糙度值。

所有车刀都有上述组成部分，但数量并不一样。如典型的外圆车刀是由三个刀面、两条刃和一个刀尖组成，如图 2-13（a）所示；45°车刀则由四个刀面（两个副后刀面）、三条刃和两个刀尖组成，如图 2-13（c）所示。

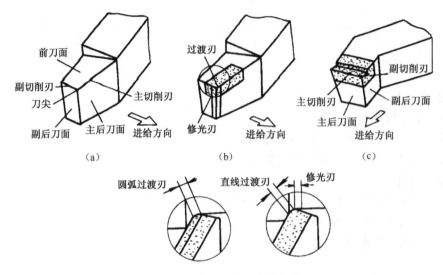

图 2-13　车刀切削部分的组成

### 3. 车刀切削部分的几何角度及选用原则

普通外圆车刀的切削角度主要有前角、后角、主偏角、副偏角和刃倾角（见项目一）。

（1）车刀前角 $\gamma_o$ 的选择原则

前角可以是正值（+）、负值（-）或零，其正、负值规定如下：在正交平面中，前刀面与切削平面的夹角小于 90°时为正值，大于 90°为负值，前刀面与切削平面垂直时为零，如图 2-14 所示。

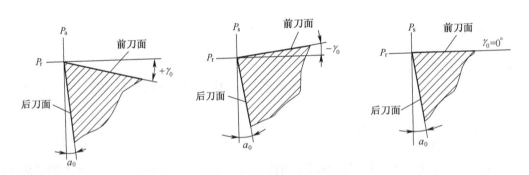

图 2-14　前角的正、负、零

在刀具强度许可的条件下，尽量选用大的前角，即"锐字当先，锐中求固"，这是选择前角的总原则。

①刀具材料的强度、韧性较高时，宜选较大的前角；刀具材料的强度、韧性较低时，宜选较小的前角，如高速钢刀具比硬质合金刀具的前角大。

②对于成型刀具来说，为减少刀具截形误差，常用较小的前角，甚至取前角为零。

③加工塑性材料时，尤其是加工硬化严重的材料，应选用较大的前角；加工脆性材料时

用较小的前角。

④粗加工，尤其是断续切削，为保证切削刃有足够的强度，应选用较小的前角，但在采取某些强化切削刃和刀尖的措施后，仍可增大前角至合理的数值；精加工时，为提高表面质量，应取较小的前角。

⑤工艺系统刚性差和机床功率不足时，应选用较大的前角。

如表 2-2 所示为硬质合金刀具前角选用参考值。

**表 2-2 硬质合金刀具前角选用参考值**

| 工件材料 | | 前角 $\gamma_o$（°） | 工件材料 | | 前角 $\gamma_o$（°） |
|---|---|---|---|---|---|
| 碳钢 $\sigma_b$（GPa） | ≤0.445 | 25～30 | 不锈钢 | | 15～30 |
| | ≤0.558 | 15～20 | 高锰钢 | | 3～-3 |
| | ≤0.784 | 12～15 | 钛和钛合金 | | 5～10 |
| | ≤0.98 | 10 | 淬硬钢 | 38～41HRC | 0 |
| 40Cr | 正火 | 13～18 | | 44～47HRC | -3 |
| | 调质 | 10～15 | | 50～52HRC | -5 |
| 灰铸铁 | HB≤220 | 10～15 | | 54～58HRC | -7 |
| | HB＞220 | 5～10 | | 60～65HRC | -10 |
| 铜 | 纯铜 | 25～35 | 铬锰钢 | | -2～-5 |
| | 黄铜 | 15～25 | | | |
| | 青铜 | 5～15 | 软橡胶 | | 50～60 |
| 铝及铝合金 | | 25～30 | | | |

说明：高速钢刀具比硬质合金刀具前角大 5°～10°；陶瓷刀具比硬质合金刀具前角小 5°左右。

（2）车刀后角 $\alpha_o$ 的选择原则

车刀后角一般在 3°～12°之间。在正交平面中，后刀面与基面的夹角为锐角时，后角为"+"；而后刀面与基面的夹角为钝角时，后角为"-"值。

后角的选择原则如下：

①粗加工时以确保刀具强度为主，在 4°～6°范围内选取；精加工时，以保证质量为主，取 8°～12°。

②工件材料硬度、强度较高时，为保证刀刃强度，也应取较小的后角。工件材料塑性较大、材质较软或容易产生加工硬化时，为减少后刀面的摩擦，应适当加大后角。

③刀具材料的强度、韧性较高时，宜选较大的后角，刀具材料的强度、韧性较低时，宜选较小的后角，如高速钢刀具比硬质合金刀具的后角大。

④尺寸精度要求较严时，为限制重磨后刀具尺寸变化，宜取较小的后角。

⑤工艺系统刚性差时容易出现振动，应适当减小后角。

⑥一般车刀副后角做成与主后角相等。切断刀、铣刀的副后角较小，用以提高刀具强度。

（3）车刀主偏角 $k_r$ 的选择原则

车刀主偏角一般为 45°～90°，其选择原则如下：

①在加工强度高、硬度高的材料时，为提高刀具耐用度，应选取较小的主偏角。

②在工艺系统刚性不足的情况下，为减小径向力，应取较大主偏角。如车削细长轴时取90°～93°。

③根据加工表面形状要求：如加工台阶轴或盲孔取 $k_r \geq 90°$，需要中间切入的工件取45°～60°等。

（4）车刀副偏角 $k_r'$ 的选择原则

副偏角主要根据工件表面粗糙度的要求选取。通常在不产生摩擦和振动的条件下，应选取较小的副偏角。

如表2-3所示为不同加工条件下主、副偏角参考值。

表2-3  主、副偏角的参考值

| 适用范围，加工条件 | （ $k_r$ ） | （ $k_r'$ ） |
| --- | --- | --- |
| 工艺系统刚性足够，车削淬硬钢、冷硬铸铁 | 10°～30° | 5°～10° |
| 工艺系统刚性较好，需中间切入，车端面、倒角 | 45° | 45° |
| 工艺系统刚性较差，粗车、强力车削 | 70°～75° | 10°～15° |
| 工艺系统刚性较差，车台阶轴、细长轴 | 80°～93° | 6°～10° |
| 切断、车槽 | ≥90° | 1°～2° |

（5）车刀刃倾角 $\lambda_s$ 的选择原则

车刀的刃倾角一般为-5°～+10°，其选择原则如下：

①精加工时应选用正值的刃倾角；粗加工、断续加工和带冲击切削时，应选用负值的刃倾角。

②工艺系统刚性较小时，尽量不选用负的刃倾角。

③微量精车外圆、内孔及微量精刨平面时，可采用 $\lambda_s$ =45°～75°的大刃倾角。刃倾角参考值的选用如表2-4所示。

表2-4  刃倾角 $\lambda_s$ 数值的选用表

| $\lambda_s$ 值（°） | 0～5 | 5～10 | 0～-5 | -5～-10 | -10～-15 | -15～-45 | 45～75 |
| --- | --- | --- | --- | --- | --- | --- | --- |
| 应用范围 | 精车钢和车细长轴 | 精车有色金属 | 粗车钢和灰铸铁 | 粗车余量不均的钢 | 断续车钢和灰铸铁 | 带冲击切削淬硬钢 | 大刃倾角微量切削 |

### 二、刃磨姿势及方法

1. 刃磨方法

（1）人站立在砂轮机的侧面，以防砂轮碎裂时，碎片飞出伤人。

（2）两手握刀的距离放开，两肘夹紧腰部，以减小磨刀时的抖动。

（3）磨刀时，车刀要放在砂轮的水平中心，刀尖略向上翘约3°～8°，车刀接触砂轮后应作左右方向水平移动。当车刀离开砂轮时，车刀需向上抬起，以防磨好的刀刃被砂轮碰伤。

（4）磨后刀面时，刀杆尾部向左偏过一个主偏角的角度；磨副后刀面时，刀杆尾部向右偏过一个副偏角的角度。

（5）修磨刀尖圆弧时，通常以左手握车刀中部为支点，用右手握前端并转动车刀。

2．刃磨时的注意事项

（1）刃磨刀具前，应首先检查砂轮有无裂纹，砂轮轴螺母是否拧紧，并经试转后使用，以免砂轮碎裂或飞出伤人。

（2）刃磨时须戴防护眼镜，操作者应站立在砂轮机的侧面，一台砂轮机以一人操作为好。如果砂粒飞入眼中，不能用手去擦，应立即去医务室清除。

（3）使用平形砂轮时，应尽量避免在砂轮的端面上刃磨。

（4）刃磨高速工具钢车刀时，应及时冷却，以防刀刃退火，致使硬度降低。而刃磨硬质合金焊接车刀时，则不能浸水冷却，以防刀片因骤冷而崩裂。

（5）磨刀时不能用力过大，以免打滑伤手。

（6）砂轮支架与砂轮的间隙不得大于 3mm，如发现过大，应调整适当。

（7）一片砂轮不可两人同时使用。

### 三、车刀的装夹要求

车刀刃磨完毕，必须正确、牢固地安装在刀架上才能使用。而车刀装夹的正确与否，将直接影响工件的加工质量。安装车刀应注意以下几点。

（1）刀头不宜伸出太长，否则切削时容易产生振动，影响工件加工精度和表面粗糙度。一般刀头伸出长度不超过刀杆厚度的 1～1.5 倍。

（2）车刀底面的垫片要平整，并尽可能用厚垫片，以减少垫片数量。调整好刀尖高低后，至少要用两个螺钉交替将螺钉拧紧。

如图 2-15（b）所示，车刀伸出过长，且垫片也没有对齐，所以安装不正确。

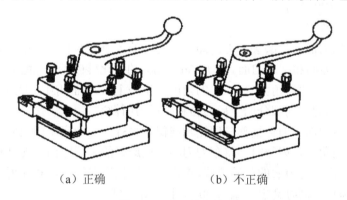

（a）正确　　　　　　　（b）不正确

图 2-15　车刀的安装

（3）刀尖应与车床主轴中心线等高。车刀装得高于中心时，后角减小，前角增大，切削不顺利，会使刀尖崩碎。刀尖对准中心的方法主要以下几种：

①根据车床主轴中心高度，用钢直尺以中心高度为准装刀，如图 2-16 所示。

②利用车床尾座后顶尖对刀，如图 2-17 所示。

③将车刀靠近工件端面，靠目测估计车刀的高度，然后紧固车刀试车端面，根据情况来调整车刀。

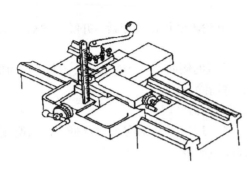

图 2-16　测量刀尖高度对刀

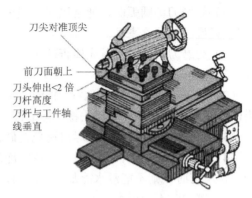

刀尖对准顶尖

前刀面朝上
刀头伸出<2 倍
刀杆高度
刀杆与工件轴
线垂直

图 2-17　尾座顶尖对刀

## 一、准备工作

1. 刀具：90°硬质合金焊接车刀。
2. 设备与工艺装备：砂轮机、砂轮、油石、刀架扳手。
3. 量具：样板、钢直尺、车刀角度尺。

## 二、技能训练

（一）车刀的刃磨练习

1. 车刀刃磨的步骤

（1）清洁车刀刀面，先磨去车刀前面、后面上的焊渣，并将车刀底面磨平。

（2）粗磨主后刀面和副后刀面。选用 36#～60#的碳化硅砂轮，在略高于砂轮中心水平位置处，将车刀翘起一个比后角大 2º～3º 的角度，粗磨主后刀面和副后刀面的刀柄部分，以形成后隙角，为刃磨车刀切削部分的主后刀面和副后刀面做准备。

（3）粗磨主后刀面。刀体柄部与砂轮轴线保持平行，刀柄底平面向砂轮方向倾斜一个比主后角大 2º～3º 的角度。刃磨时，将车刀刀柄上已磨好的主后隙面靠在砂轮的外圆上，以接近砂轮中心的水平位置为刃磨的起始位置，然后使刃磨位置继续向砂轮靠近，并左右缓慢移动，一直磨至刀刃处为止。同时磨出主偏角 90°和主后角为 9°。

（4）粗磨切削部分副后刀面。刀体柄部尾端向右偏摆，转过副偏角 $\kappa_r' =8°$，刀体底平面向砂轮方向倾斜一个比副后角大 2º～3º 的角度，刃磨方法与刃磨主后刀面相同，但应磨至刀尖处为止。同时，磨出副偏角 $\kappa_r' =8°$和副后角 $a_o' =8°$。

（5）粗磨前刀面。以砂轮的端面粗磨出前刀面。

（6）磨断屑槽。手工刃磨断屑槽一般为圆弧形。刃磨时，刀尖可以向下或向上磨，同时磨出前角 $\gamma_o =12º～15º$，但是选择刃磨断屑槽部位时，应考虑留出倒棱的宽度。

（7）精磨主、副后刀面。选用 180º 或 220º 的绿色碳化硅砂轮，精磨前应先修整好砂轮，保证回转平稳。刃磨时将车刀底平面靠在调整好角度的托架上，并使切削刃轻轻靠在砂轮端面，并沿着端面缓慢地左右移动，保证车刀刃口平直。

（8）磨负倒棱。负倒棱的刃磨有直磨法和横磨法两种，所选用的砂轮与精磨主后刀面的砂轮相同。刃磨时用力要轻微，要从主切削刃的后端向刀尖方向摆动。倒棱前角 $\gamma_{o1}$=-5°，倒棱宽度 $b_{\gamma 1}$=(0.5～0.8)$f$。为保证切削刃的质量，最好采用直磨法。

（9）磨过渡刃。刃磨方法与精磨后刀面时基本相同。刃磨车削较硬材料的车刀时，也可以在过渡刃上磨出负倒棱，以增加切削刃的强度。

2. 车刀的研磨方法

（1）在需要研磨的表面或油石表面加少许润滑油。

（2）将油石表面与车刀表面贴平。

（3）油石沿着贴平的车刀表面作上下或左右平稳移动。

（二）车刀的安装练习

（1）安装车刀之前，先将刀架安装面、车刀及垫片用棉纱擦净。

（2）正确选择车刀垫片，一般应备有多种厚薄不同的垫片，安装前要经过精磨，安装选择时应少而平整，且应与刀架边缘对齐。

（3）正确安装车刀，控制车刀的伸出长度尽可能短，一般按刀杆厚度的1.5倍确定。

（4）正确调整车刀位置，使刀尖对准工件中心。练习两种对刀方法：尾座顶尖对刀法和测量刀尖高度法。

（5）练习车刀的紧固方法。位置正确后，用专用刀架扳手将前后两个螺钉轮换逐个拧紧，刀架扳手不允许加套管，以防损坏螺钉。

### 三、注意事项

1. 严格遵守车间安全操作规程。
2. 必须按规定操作步骤和要求进行练习，禁止进行与训练内容无关的其他操作。
3. 启动砂轮机，应等砂轮运行平稳后开始刃磨车刀。
4. 使用砂轮机刃磨车刀时，操作者应站立在砂轮机的侧面，以防砂轮碎裂时飞出伤人。
5. 擦拭机床，清理工作场地。

### 四、检查评价，填写实训日志

| 检查评价单 | | | | | | | |
|---|---|---|---|---|---|---|---|
| 序号 | 考核项目 | 考核内容与要求 | 配分 | 评分标准 | 成绩 | | |
| | | | | | 学生自检 | 小组互检 | 教师终检 |
| 1 | 刀面 | 前刀面 | 5 | 一个刀面不平扣5分 | | | |
| | | 后刀面（两个） | 10 | | | | |
| 2 | 切削刃 | 平直 | 5 | 不直、崩刃各扣2分 | | | |
| 3 | 断屑槽 | 尺寸 | 10 | 一个尺寸不正确扣5分 | | | |
| 4 | 六个角度 | 前角 | 30 | 度数一处不正确扣5分 | | | |

续表

| 序号 | 考核项目 | 考核内容与要求 | 配分 | 评分标准 | 成绩 | | |
|---|---|---|---|---|---|---|---|
| | | | | | 学生自检 | 小组互检 | 教师终检 |
| 4 | 六个角度 | 主、副后角 | | | | | |
| | | 主偏角 | | | | | |
| | | 副偏角 | | | | | |
| | | 刃倾角 | | | | | |
| 5 | 车刀安装 | 刀杆伸出长度 | 20 | 一项不正确扣4分 | | | |
| | | 角度 | | | | | |
| | | 高度 | | | | | |
| | | 压紧 | | | | | |
| 6 | 时间定额 | 60min | | 超过15min扣10分；超过30min为不合格 | | | |
| 合计 | | | | | | | |
| 教师总评意见： | | | | | | | |
| 问题及改进方法： | | | | | | | |

## 问题思考

### 一、填空题

1. 按车刀所加工的表面特征来分，有外圆车刀、_____、_____、_____及成型车刀。

2. 车刀由_____和_____两部分组成。_____承担主要切削工作；_____是刀具上的夹持部分。

3. 普通外圆车刀的切削部分由前面、_____、_____、_____、副切削刃和刀尖组成。

4. 在刀具强度许可的条件下，尽量选用_____的前角。

5. 加工塑性材料时，尤其是加工硬化严重的材料，应选用_____的前角。

6. 在正交平面中，后刀面与基面的夹角_____90°时，后角为正后角。

7. 当工件材料的刚性较差时，应选择_____的主偏角。

8. 机床的维护保养一般分为_____和_____。其中机床的保养又分为_____、_____和_____。

9. 粗加工、断续加工和带冲击切削时，应选用_____的刃倾角。

## 二、选择题

1. 精加工时，车刀应取（    ）的刃倾角。
   A. 零值　　　　　　B. 正值　　　　　　C. 负值

2. 车削较软材料时，车刀应取（    ）的前角。
   A. 较大　　　　　　B. 较小　　　　　　C. 负值

3. 车削脆性材料时，应取（    ）的前角。
   A. 零值　　　　　　B. 较大　　　　　　C. 较小

4. 刀具材料的强度、韧性较高时，应选择（    ）的后角；刀具材料的强度、韧性较低时，宜选（    ）的后角。
   A. 较大　　　　　　B. 较小　　　　　　C. 零值

5. 安装车刀时，刀尖一般应比车床主轴中心线（    ）。
   A. 高　　　　　　　B. 低　　　　　　　C. 相等

## 三、简答题

1. 车刀安装时应注意哪些问题？
2. 简述车刀主要切削角度的选择原则。
3. 简述外圆车刀的刃磨方法。

**拓展练习**

1. 熟练车刀在车床上的安装操作方法。
2. 熟练车刀的刃磨方法及注意事项。

# 任务 3  车削轴类零件

**学习目标**

### 【知识要求】

1. 了解轴类零件的结构特点及作用。
2. 掌握车床附件、工件的安装及使用。
3. 掌握车削轴类零件时产生质量问题的原因及改进措施。

### 【技能要求】

1. 能够合理选择车床附件、正确安装轴类工件。
2. 能够制定加工工艺，进行轴类工件的加工。
3. 学会查阅资料和自我学习，能灵活运用理论知识，解决实际问题。

**任务描述**

本任务通过车削加工如图 2-18 所示的台阶轴，使操作者进一步熟练车床的操作方法、车刀的选择、安装等技能，合理地制定加工工艺，保证工件的加工精度。

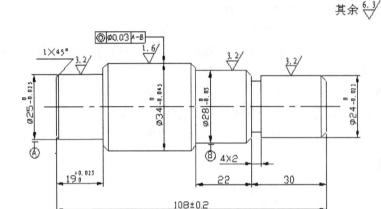

图 2-18　台阶轴

任务分析：零件材料为 45 号钢，毛坯为 $\phi 36 \times 112 \text{mm}$。车削过程中，应先粗车各外圆尺寸，直径尺寸留 1～2mm 的精车余量，台阶长度留 0.5mm 的精车余量。由于工件的加工精度要求并不高，在选择车刀和切削用量时，应着重考虑提高劳动生产率方面的因素，粗加工可采用一夹一顶装夹，以承受较大的进给力；精加工可采用两顶尖之间装夹，以保证同轴度要求。车外圆时可选择采用 75°车刀或 90°硬质合金粗车刀，车端面选用 45°车刀。

**相关资讯**

### 一、轴类零件的功用、结构特点及分类

**1. 功用**

轴类零件主要用于支承传动零件（如齿轮、带轮、凸轮等）、传递转矩，并保证安装在轴上的零件（或刀具）具有一定的回转精度。

**2. 结构特点**

轴类零件是回转体零件，其长度大于直径，由外圆柱面、圆锥面、阶台、螺纹、内孔及相应端面所组成。圆柱面一般用于支承传动零件和传递扭矩，端面和阶台一般用来确定装在轴上的零件的轴向位置。轴类零件的加工表面通常除了内外圆柱面、圆锥面、螺纹、端面外，还有花键、键槽、沟槽及横向孔等。

**3. 轴的分类**

按照轴的结构形状不同，可以把轴分为光轴、台阶轴、空心轴、异形轴；按照轴的长度与直径比（长径比）可分为刚性轴（$L/d \leqslant 12$）和挠性轴（$L/d > 12$）；按照轴所受载荷不同，又可以分为心轴、传动轴和转轴，如图 2-19 所示。

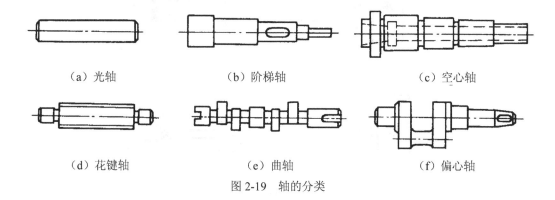

（a）光轴　　　　　　　　　（b）阶梯轴　　　　　　　　　（c）空心轴

（d）花键轴　　　　　　　　（e）曲轴　　　　　　　　　　（f）偏心轴

图 2-19　轴的分类

## 二、轴类工件的装夹方法

常用的轴类工件的装夹方法有三爪自定心卡盘（俗称三爪卡盘）装夹、一夹一顶装夹、一夹一架装夹和两顶尖装夹。

（一）粗加工时的装夹方法

粗加工时主要选用三爪自定心卡盘装夹和一夹一顶装夹两种方法，如图 2-20 所示为三爪自定心卡盘装夹。

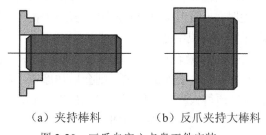

（a）夹持棒料　　　　　（b）反爪夹持大棒料

图 2-20　三爪自定心卡盘工件安装

1. 三爪自定心卡盘装卡

用三爪自定心卡盘装夹工件时，应根据工件直径大小先松开卡爪，卡爪开合程度应略大于工件直径，然后放入工件。

（1）装夹特点：三爪自定心卡盘能自动定心，装夹工件方便、省时，但夹紧力较小，适用于装夹外形规则的中小型工件。当装夹直径较大工件时，可用三个反爪进行装夹，如图 2-20（b）所示。

（2）轴类工件的找正方法：由于三爪自定心卡盘能自动定心，工件装夹后一般不需找正。但当装夹较长工件时，由于工件伸出卡盘长度较长而会产生歪斜，因此，必须找正后加工。当三爪自定心卡盘使用时间较长时会导致精度下降，且工件精度要求较高，也需要对工件进行找正。粗加工阶段可用目测法和划线盘找正法进行找正，精加工时采用百分表找正法。

2. 一夹一顶装夹

装夹时，将工件的一端用三爪自定心卡盘夹紧，而另一端用后顶尖支顶的装夹方法称为一夹一顶装夹，如图 2-21 所示。

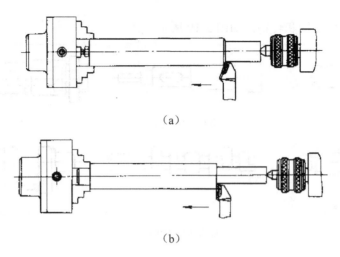

（a）

（b）

图 2-21　一夹一顶装夹工件

（1）装夹特点

安装刚性好，轴向定位正确，且比较安全，能承受较大的轴向切削力，因此应用很广泛。

（2）装夹时的注意事项

①后顶尖的中心线应与车床主轴轴线重合，否则车出的工件会产生锥度。

②在不影响车刀正常切削的前提下，尾座套筒应尽量伸出短些，以增加刚度，减少振动。

③中心孔的形状应正确，表面粗糙度要小，装入顶尖前，应清除中心孔内的切屑或异物。

④当后顶尖用固定顶尖时，由于中心孔与顶尖间为滑动摩擦，故应在中心孔内加入润滑脂，以防温度过高而"烧坏"顶尖或中心孔。

⑤顶尖与中心孔的配合必须松紧合适。如果后顶尖顶得太紧，加工细长轴类工件时会造成工件弯曲变形，影响加工精度。对于固定顶尖，则会增加摩擦；对于回转顶尖，容易损坏顶尖内的滚动轴承。如果后顶尖顶得太松，工件则不能准确地定心，对加工精度有一定影响，并且车削时易产生振动，甚至会使工件飞出而发生事故。

（二）精加工时的装夹方法

（1）两顶尖装夹形式如图 2-22 所示，工件由前、后顶尖定位，用鸡心夹头夹紧并带动工件同步运动。

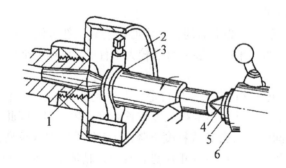

1-前顶尖；2-拨盘；3-鸡心夹头；4-尾顶尖；5-尾座套筒；6-尾座

图 2-22　在两顶尖间装夹

（2）适用场合：用于较长的或必须经过多次装夹加工的轴类零件，特别是在多工序加工中，重复定位精度要求较高，车削后还要铣削和磨削的轴类零件。

（3）装夹特点：采用两顶尖装夹工件的优点是装夹方便，不需要找正，装夹精度高；缺点是装夹刚度低，限制了切削用量的提高，造成生产率的降低。

（4）装夹工件的操作步骤

①在工件一端外圆上装上合适的传动装置，并拧紧螺钉。

②移动尾座，调整两顶尖间的距离，要求套筒尽可能伸出短些，并将尾座固定。

③装夹工件，观察调整工件的顶紧程度。

④移动床鞍，观察前后有无碰撞现象。

⑤检查传动装置与工件是否拧紧；使用固定顶尖时，检查中心孔内是否加注润滑脂。

（三）加工特殊轴类零件的装夹方法

**1. 使用中心架辅助装夹**

（1）中心架直接安装在工件中间，如图2-23所示，这种装夹方法可提高车削细长轴时工件的刚性。安装中心架前，须先在工件毛坯中间车出一段沟槽，使中心架的支承爪与工件能良好接触。槽的直径略大于工件最后尺寸，宽度应大于支承爪。车削时，支承爪与工件接触处应经常加注润滑油，并注意调节支承爪与工件之间的压力，以防拉毛工件及摩擦发热。

（2）一端夹住一端搭中心架装夹工件，如图2-24所示，车削大而长的轴类工件端面、钻中心孔或车削较长套筒类工件的内孔、内螺纹时，可采用一端用三爪卡盘夹住一端搭中心架的方法。装夹时应注意搭中心架一端的工件旋转中心必须与车床主轴旋转中心重合。

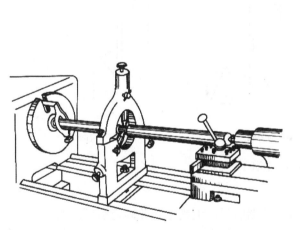

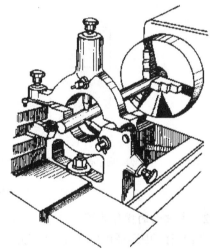

图2-23  用中心架直接装夹　　　　　　　　图2-24  一夹一架装夹方式

**2. 使用跟刀架辅助装夹**

将跟刀架固定在车床床鞍上，与车刀一起移动，主要用来车削不允许接刀的细长轴。使用跟刀架时，要在工件端部车一段安装跟刀架支承爪的外圆。支承爪与工件接触的压力要适当，否则车削时跟刀架可能不起作用，或者将工件车成竹节形或螺旋形，如图2-25所示。

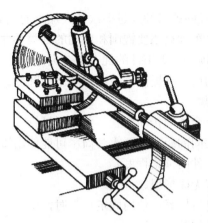

图 2-25　跟刀架装夹方式

### 三、车削轴类工件

（一）车削端面

对工件的端面进行车削的方法叫车端面。

**1. 车削端面的方法**

车端面时，刀具的主刀刃要与端面有一定的夹角。工件伸出卡盘外的部分应尽可能短些，车削时用中滑板横向走刀，走刀次数根据加工余量而定，可采用自外向中心走刀，也可以采用自中心向外走刀的方法。车端面时的几种情况如图 2-26 所示。

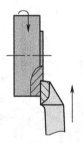　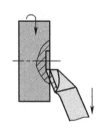　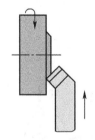

（a）偏刀向中心走刀车端面　　（b）偏刀向外圆走刀车端面　　（c）45°车刀车端面

图 2-26　车端面的方法

**2. 车端面的操作步骤**

（1）移动床鞍和中滑板，使车刀靠近工件端面后，锁紧床鞍并固定螺钉。

（2）测量毛坯长度。先车的一面尽量少车，余量应在另一面车去。车端面前应先倒角，防止因表面硬层而损坏刀尖。

（3）双手摇动中滑板手柄车端面。手动进给速度要均匀，背吃刀量可用小滑板刻度控制。

**3. 车端面的注意事项**

（1）车刀的刀尖应对准工件中心，以免车出的端面中心留有凸台，并损坏刀尖。

（2）偏刀车端面，当背吃刀量较大时容易扎刀。背吃刀量 $a_p$ 的选择：粗车时 $a_p$=0.2～1mm，精车时 $a_p$=0.05～0.2mm。

（3）端面的直径从外到中心是变化的，切削速度也在改变，在计算切削速度时，必须按端面的最大直径计算。

（4）车直径较大的端面，若出现凹心或凸肚时，应检查车刀和方刀架，以及大滑板是否锁紧。

4．车端面的质量分析

（1）端面不平，产生凸凹现象或端面留"凸头"。原因是车刀刃磨或安装不正确，刀尖没有对准工件中心，背吃刀量过大，车床有间隙造成。

（2）表面粗糙度差。原因是车刀不锋利，手动走刀不均匀或太快，自动走刀切削用量选择不当。应选刀尖强度较高的45°车刀。

（二）车外圆

1．外圆车刀

如表2-5所示为几种常用的外圆车刀。

表2-5　常用的外圆车刀

| 名称 | 45°弯头车刀 | 60°～75°外圆车刀 | 90°偏刀 |
|---|---|---|---|
| 图示 | | | |
| 主偏角 | $\kappa_r$=45° | $\kappa_r$=60°～75° | $\kappa_r$=90° |
| 特点 | 切削时背向力$F_p$较大，车削细长工件时，工件容易被顶弯而引起振动 | 刀尖强度较高，散热条件较好，主偏角$\kappa_r$的增大使切削时背向力$F_p$得以减小 | 主偏角很大，切削时背向力$F_p$较小，不易引起工件的弯曲和振动，但刀尖强度较低，散热条件差，容易磨损 |
| 用途 | 多用途车刀，可以车外圆、平面和倒角，常用来车削刚性较好的工件 | 车削刚性稍差的工件，主要适用于粗、精车外圆 | 车外圆、端面和台阶 |

2．外圆车削方法

为了保证加工的尺寸精度，应采用试切法车削。试切法的步骤如下：

（1）开车对刀，使车刀和工件表面轻微接触，如图2-27（a）所示；

（2）向右退出车刀，如图2-27（b）所示；

（3）按要求横向进给1mm，如图2-27（c）所示；

（4）试切1～3mm，如图2-27（d）所示；

（5）向右退出，停车，测量，如图2-27（e）所示；

（6）调整切深至2mm后，自动进给车外圆，如图2-27（f）所示。重复以上加工步骤，直至切削符合要求。

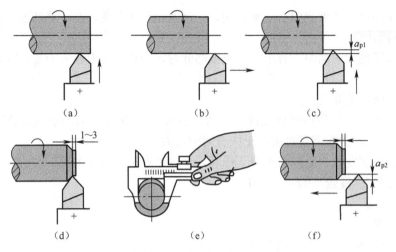

图 2-27　试切法加工步骤

（三）车台阶

1．车削台阶方法

车削台阶的方法与车削外圆基本相同，但在车削时应兼顾外圆直径和台阶长度两个方向的尺寸要求，还必须保证台阶平面与工件轴线的垂直度要求。常用的方法有以下三种：

（1）刻线法。先用钢直尺量出台阶长度尺寸，并用车刀刀尖在此位置上刻出一条细线，然后再车削到刻线位置。

（2）用挡铁定位控制。即在车床导轨适当位置装定位工具或挡块，使其对应各个台阶长度。车削时，车到挡块位置就可得到所需长度尺寸。

（3）刻度盘控制法。即利用床鞍刻度盘来确定台阶长度的一种方法。

因为三种方法都有一定的误差，所以刻线痕和床鞍刻度值都应该比所需长度略短 0.5～1mm，留出精车的余量。如图 2-28 所示为刻线痕控制长度。车高度在 5mm 以下的台阶时，可用主偏角为 90°的偏刀在车外圆时同时车出，如图 2-28（a）所示；车高度在 5mm 以上的台阶时，应分层进行切削，如图 2-28（b）所示。

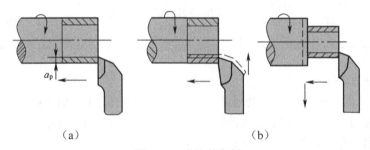

图 2-28　台阶的车削

2．台阶长度尺寸的控制方法

（1）台阶长度尺寸要求较低时，可直接用大拖板刻度盘控制。

（2）台阶长度可用钢直尺或样板确定位置，如图 2-29 所示。车削时先用刀尖车出比台阶长度略短的刻痕作为加工界限。

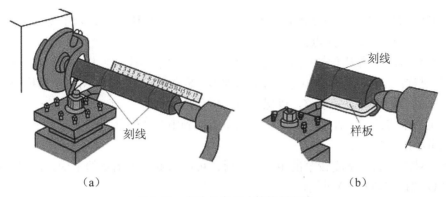

（a）　　　　　　　　　　　　　　　　（b）

图 2-29　台阶长度尺寸的控制方法

（3）台阶长度尺寸要求较高且长度较短时，可用小滑板刻度盘控制其长度。

**3. 车台阶的质量分析**

（1）台阶长度不正确，不垂直，不清晰。原因是操作粗心、测量失误、自动走刀控制不当、刀尖不锋利、车刀刃磨或安装不正确。

（2）表面粗糙度差。原因是车刀不锋利、手动走刀不均匀或太快、自动走刀切削用量选择不当。

**（四）车槽与切断**

**1. 车槽刀的装夹**

沟槽的形状和种类很多，外圆和端面上的沟槽统称为外沟槽，常见的外沟槽主要有外圆沟槽、45°外斜沟槽、平面沟槽，如图 2-30 所示。沟槽的形状有矩形、圆弧形和梯形等，如图 2-31 所示。

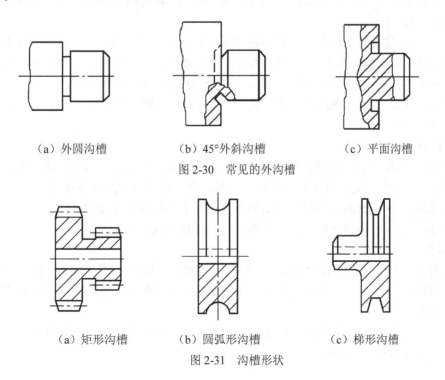

（a）外圆沟槽　　　　　（b）45°外斜沟槽　　　　　（c）平面沟槽

图 2-30　常见的外沟槽

（a）矩形沟槽　　　　　（b）圆弧形沟槽　　　　　（c）梯形沟槽

图 2-31　沟槽形状

　　车槽刀装夹是否正确对车槽的质量有直接影响。装夹车槽刀时，除了要符合车刀装夹的一般要求外，还应注意以下几点：

　　（1）装夹时，车槽刀不宜伸出过长，同时车槽刀的中心线必须与工件轴线垂直，以保证两个副偏角对称；其主切削刃必须与工件轴线平行。装夹车槽刀时，可用直角尺检查其副偏角。

　　（2）车槽刀的底平面应平整，以保证两个副后角对称。

　　（3）主切削刃须与工件中心等高，否则不能切到中心，还会损坏刀具。

　　2. 直角外沟槽的车削

　　（1）车精度不高且宽度较窄的矩形沟槽时，可用刀宽等于槽宽的车槽刀，采用直进法一次进给车出，如图2-32（a）所示。

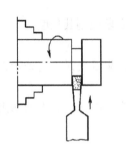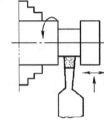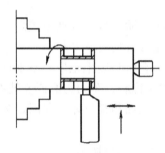

　　（a）直进法车矩形沟槽　　　（b）矩形沟槽的精车　　　（c）较宽矩形沟槽的车削

图2-32　车槽的方法

　　（2）车精度要求较高的矩形沟槽时，一般采用二次进给车成。第一次进给车沟槽时，槽壁两侧留有精车余量，第二次进给时用等宽车槽刀修整。也可用原车槽刀根据槽深和槽宽进行精车，如图2-32（b）所示。

　　（3）车削较宽的矩形槽时，可用多次直进法切割，如图2-32（c）所示。首先采用刻线痕法或钢直尺测量法确定沟槽的正确位置，待位置确定后，可分粗、精车将沟槽车至尺寸。粗车一般要分几刀将槽车出，槽的两侧面和槽底要各留0.5mm的精车余量。车最后一刀的同时应在槽底纵向进给一次，将槽底车平整。精车时，应先车沟槽的位置尺寸，然后再车槽宽尺寸，直至符合图样要求为止。

　　3. 槽的检测方法

　　图2-18所示台阶轴的沟槽精度要求一般，宽度较窄，可用游标卡尺检测其直径，用钢直尺检测槽宽。检测外槽时，除了使用游标卡尺外，通常还用以下两种检测方法。

　　（1）精度要求较低的矩形槽，可用钢直尺和外卡钳检测其宽度和直径。

　　（2）精度要求较高的矩形槽，通常用千分尺、样板或塞规进行检测。

　　4. 切断

　　切断用切断车刀，切断刀刀头的长度应稍大于实心工件的半径或空心工件、管料的壁厚（$L>h$）。刀头宽度应适当，宽度太窄，刀头强度低，容易折断；宽度太宽则容易引起振动和增大材料消耗。

　　切断实心工件时，切断刀的主刀刃必须严格对准工件的回转中心，主刀刃中心线与工件轴线垂直，如图2-33（a）所示。

切断空心工件、管料时，切断刀主刀刃应稍低于工件的回转中心，如图2-33（b）所示。

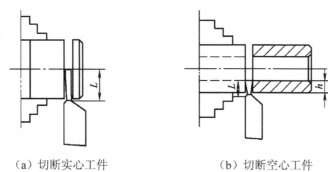

（a）切断实心工件　　　　　　　　　　（b）切断空心工件

图2-33　工件的切断

（五）车削轴类工件时的质量分析

车削轴类工件时，常会产生废品。各种废品的产生原因及预防方法如表2-6所示。

表2-6　车削轴类工件时产生废品的原因及预防方法

| 废品种类 | 产生原因 | 预防方法 |
|---|---|---|
| 尺寸精度超差 | 1. 看错图样或刻度盘使用不当<br>2. 没有进行试车削<br>3. 量具有误差或测量不正确<br>4. 由于切削热的影响，使工件尺寸发生变化<br>5. 机动进给没有及时关闭，使车刀进给长度超过台阶长度 | 1. 必须看清图样的尺寸要求，正确使用刻度盘，看清刻度值<br>2. 根据加工余量算出背吃刀量，进行试车削，然后修正背吃刀量<br>3. 量具使用前，必须检查和调整零位，正确掌握测量方法<br>4. 不能在工件温度较高时测量，如需测量，应掌握工件的收缩情况，或浇注切削液，降低工件温度<br>5. 注意及时关闭机动进给；或提前关闭机动进给，再手动进给到要求的长度尺寸 |
| 产生锥度 | 1. 用一夹一顶或两顶尖装夹工件时，后顶尖轴线与主轴轴线不重合<br>2. 用小滑板车外圆，小滑板的位置不正，即小滑板的基准刻线跟中滑板的零刻线没有对准<br>3. 用卡盘装夹纵向进给车削时，床身导轨与车床主轴轴线不平行<br>4. 工件装夹时悬伸较长，车削时因切削力的影响使前端让开，产生锥度<br>5. 车削过程中车刀逐渐磨损 | 1. 车削前必须通过调整尾座校正锥度<br>2. 必须事先检查小滑板基准刻线与中滑板的零刻线是否对准<br>3. 调整车床主轴与床身导轨的平行度<br>4. 尽量减少工件的伸出长度，或另一端用后顶尖支顶，以增加装夹刚度<br>5. 选用合适的刀具材料，或适当降低切削速度 |
| 圆度超差 | 1. 车床主轴间隙太大<br>2. 毛坯余量不均匀，切削过程中背吃刀量变化太大<br>3. 工件用两顶尖装夹时，中心孔接触不良、后顶尖顶得不紧，或前后顶尖产生径向圆跳动 | 1. 车削前检查主轴间隙，并调整合适。如主轴轴承磨损严重，则需更换轴承<br>2. 半精车后再精车<br>3. 工件用两顶尖装夹时，必须松紧适当，若回转顶尖产生径向圆跳动，需及时修理或更换 |

续表

| 废品种类 | 产生原因 | 预防方法 |
|---|---|---|
| 表面粗糙度超差 | 1. 车床刚度不够，如滑板镶条太松、传动零件（如带轮）不平衡或主轴太松，引起振动<br>2. 车刀刚度不够或伸出太长，引起振动<br>3. 工件刚度不够，引起振动<br>4. 车刀几何参数不合理，如选用过小的前角、后角和主偏角<br>5. 切削用量选用不当 | 1. 消除或防止由于车床刚度不足而引起的振动（如调整车床各部分的间隙）<br>2. 增加车刀刚度，正确装夹车刀<br>3. 增加工件的装夹刚度<br>4. 选用合理的车刀几何参数（如适当增大前角、选择合理的后角和主偏角等）<br>5. 进给量不宜太大，精车余量和切削速度应选择恰当 |

## 一、准备工作

1. 毛坯：材料为 45 号钢，尺寸为 $\phi 36 \times 112$mm 圆钢。

2. 设备：CDZ6140 型车床。

3. 工艺装备：三爪自定心卡盘，前、后顶尖，鸡心夹头，90°硬质合金车刀，45°车刀。

4. 量具：0.02mm/(0～150)mm 的游标卡尺、0～25 和 25～50 的千分尺、百分表。

## 二、技能训练

（一）粗车台阶轴的操作步骤

1. 检查毛坯，尺寸为 $\phi 36 \times 112$mm。

2. 正确装夹两把车刀。

3. 装夹毛坯，毛坯伸出长度大约为 58mm，将主轴箱变速手柄置于空档，用划针找正工件后加紧。

其步骤如下：

（1）用卡盘轻轻夹住毛坯，将划线盘放置在适当位置，将划针尖端触向工件悬伸端外圆柱表面，如图 2-34 所示。

（2）将主轴箱变速手柄置于空档，用手轻拨卡盘使其缓慢转动，观察划针尖与毛坯表面接触情况，并用铜锤轻击工件悬伸端，直至在全圆周上划针与毛坯外圆表面间隙均匀一致，找正结束。

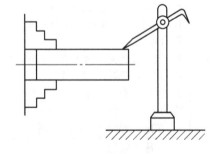

图 2-34　用划针找正工件

（3）找正后，夹紧工件。

4. 车端面 A，钻中心孔，粗车台阶。

其步骤如下：

（1）用 45°车刀车端面 A，取 $a_p$=1mm，进给量 $f$=0.4mm/r，车床主轴转速为 500r/min。

（2）用钻夹头钥匙逆时针旋转钻夹头外套，使钻夹头的三爪张开，将中心钻插入钻夹头的三爪之间，然后用钻夹头钥匙顺时针方向转动钻夹头外套，通过三爪夹紧中心钻。

（3）将钻夹头装入尾座锥孔中。擦净钻夹头柄部和尾座锥孔，用左手握住钻夹头外套部位，沿尾座套筒轴线方向，将钻夹头锥柄部用力插入尾座套筒锥孔中。

（4）若钻夹头柄部与车床尾座锥孔大小不吻合，可增加一个合适的过渡锥套后再插入。

（5）钻中心孔 B2/6.3mm，调整车床主轴转速，缓慢均匀地转动尾座手轮钻中心孔。

5．将 75°车刀调整到工作位置，先粗车外圆 $\phi34.5\times55$，再粗车外圆 $\phi26\times18.5$，进给量可取 0.3mm/r，车床主轴转速为 500r/min。具体操作步骤如下：

（1）对刀。启动车床，使工件回转。左手摇动床鞍手轮，右手摇动中滑板手柄，使车刀刀尖趋近并轻轻接触工件待加工表面，以此作为确定背吃刀量的零点位置，然后反向摇动床鞍手轮（此时中滑板手柄不动），使车刀向右离开工件 3～5mm。

（2）进刀。摇动中滑板手柄，使车刀横向进给，进给的量即为背吃刀量，其大小通过中滑板上的刻度盘进行控制和调整。

（3）试切削。试切削的目的是为了控制背吃刀量，保证工件的加工尺寸。车刀在进刀后，纵向进给切削工件 2mm 左右时，纵向快速退出车刀，停机测量；根据测量结果，相应调整背吃刀量，直至试切测量结果为 $\phi35$ 为止。

（4）粗车外圆 $\phi35$、$\phi26$。

6．工件调头，毛坯伸出三爪自定心卡盘约 55mm，找正后夹紧。量取总长度，车去多余材料（长度方向的余量），车端面 B 并保证总长 108mm，钻中心孔 B2/6.3mm。

7．一夹一顶装夹，即夹 $\phi26$ 外圆，后顶尖支顶。粗车外圆至 $\phi29\times22$mm、$\phi25\times29.5$mm。具体操作步骤如下：

（1）选取进给量 $f$=0.3mm/r，车床主轴转速调整为 500r/min；

（2）粗车外圆 $\phi29\times51.5$，可分两次车削，第一次背吃刀量为 2mm，第二次背吃刀量为 1.5mm。如果工艺系统刚度许可，也可一次车至尺寸。但是也要先进行试车削，经测量无误后再车外圆至尺寸。

（3）粗车外圆 $\phi25\times29.5$mm，背吃刀量为 2mm，一次车至尺寸。但是也要先进行试车削，经测量无误再车至尺寸。

（二）精车台阶轴的操作步骤

1．装夹精车刀

装夹 90°车刀和 45°车刀，装夹步骤及注意事项可参照本项目任务 2 相关内容。在装夹 90°精车刀时，要保证车刀装夹时的实际主偏角大于 90°。

2．装夹工件

精车时，台阶轴采用两顶尖装夹形式。在两顶尖间装夹工件时的注意事项同一夹一顶装夹。

3．安全提示

（1）鸡心夹头必须牢靠地夹住工件，以防车削时移动、打滑，损坏车刀。

（2）车削开始前，应手摇手轮使床鞍左右移动全行程，观察和检查有无碰撞现象。

（3）注意安全，防止鸡心夹头钩衣伤人。

（3）安装并找正顶尖。

4. 修研两端中心孔

5. 正确装夹工件

步骤如下：

（1）用鸡心夹头夹紧台阶轴一端外圆处，应使夹头上的拨杆伸出工件轴端；

（2）左手托起工件，将夹有夹头一端的中心孔放置在前顶尖上，并使夹头的拨杆插入拨盘的凹槽中（如果用卡盘夹持前顶尖，则将拨杆贴近卡盘的卡爪侧面），以通过拨盘（或卡盘）来带动工件回转；

（3）右手摇动事先已根据工件长度调整好位置并紧固的尾座的手轮，使后顶尖顶入工件另一端的中心孔，其松紧程度应以工件在两顶尖间可以灵活转动而又没有轴向窜动为宜；

（4）最后，将尾座套筒的固定手柄压紧。

6. 切削用量的确定

根据精车时切削用量的选择原则，背吃刀量 $a_p$ 取 0.5mm；进给量 $f$ 可取 0.1mm/r；切削速度 $v_c$ 取 100m/min。

7. 精车台阶轴

（1）检查半成品。检查半成品的尺寸是否留出精加工余量，形状精度是否达到要求。

（2）两顶尖装夹（夹 $\phi 25$ 外圆处），调整车床主轴转速 $v_c$ 为 100m/min，启动车床，使工件回转。精车外圆 $\phi 34$、$\phi 25$ 至尺寸，倒角 $1\times 45°$、$2\times 45°$，检查尺寸及形状精度是否达到要求。

（3）工件调头，两顶尖装夹（铜皮垫 $\phi 25^{0}_{-0.21}$ mm 处）。精车右端外圆 $\phi 28$、$\phi 24$ 至尺寸，用 45° 车刀倒角 $2\times 45°$，检查尺寸及形状精度是否达到图样要求。

（三）车槽的操作步骤

1. 装夹车槽刀

把车槽刀装夹在刀架上，装夹时注意使车刀主切削刃与工件轴线平行。

2. 车沟槽

两顶尖装夹，取进给量 $f=0.15$mm/r，将车床主轴转速调整为 310r/min。

（1）启动车床，使工件回转。左手摇动床鞍手轮，右手摇动中滑板手柄，使刀尖趋近并轻轻接触工件右端面，然后反向摇动中滑板手柄，使车刀向横向退出，并记住床鞍刻度盘刻度。

（2）摇动床鞍，利用床鞍刻度盘刻度，使车刀向左纵向移动 30mm。

（3）摇动中滑板手柄，使车刀轻轻接触工件 $\phi 24$ 外圆，记下中滑板刻度盘刻度，或在中滑板刻度盘上作出标记，作为横向进给的起点，并算出中滑板横向进给量（中滑板应进给 120 格）。横向进给车削工件 2mm 左右，横向快速退出车刀。停机，测量沟槽左侧槽壁与工件右端面之间的距离，根据测量结果，相应调整车刀位置，直至测量结果为 20mm。

（4）车沟槽，手动进给车沟槽至尺寸。

（5）去毛刺。

（6）检测。

### 三、注意事项

1. 严格遵守车间安全操作规程。

2. 必须按规定操作步骤和要求进行练习，禁止进行与训练内容无关的其他操作。

3．练习完毕，正确放置工具、夹具、量具及工件。

4．擦拭机床，清理工作场地。

## 四、检查评价，填写实训日志

<table>
<tr><td colspan="9" style="text-align:center">车台阶轴的评分标准</td></tr>
<tr><td rowspan="2">序号</td><td rowspan="2">考核项目</td><td rowspan="2">考核内容及要求</td><td rowspan="2">配分</td><td rowspan="2">评分标准</td><td colspan="3">成绩</td></tr>
<tr><td>学生自检</td><td>小组互检</td><td>教师终检</td></tr>
<tr><td>1</td><td rowspan="4">外圆尺寸</td><td>$\phi34_{-0.45}^{0}$mm</td><td>10</td><td>超差不得分</td><td></td><td></td><td></td></tr>
<tr><td>2</td><td>$\phi25_{-0.21}^{0}$mm</td><td>10</td><td>超差不得分</td><td></td><td></td><td></td></tr>
<tr><td>3</td><td>$\phi28_{-0.03}^{0}$mm</td><td>10</td><td>超差不得分</td><td></td><td></td><td></td></tr>
<tr><td>4</td><td>$\phi24_{-0.021}^{0}$mm</td><td>10</td><td>超差不得分</td><td></td><td></td><td></td></tr>
<tr><td>5</td><td rowspan="3">长度尺寸</td><td>$19_{0}^{+0.25}$mm</td><td>8</td><td>超差不得分</td><td></td><td></td><td></td></tr>
<tr><td>6</td><td>22mm</td><td>3</td><td>超差不得分</td><td></td><td></td><td></td></tr>
<tr><td>7</td><td>30mm</td><td>3</td><td>超差不得分</td><td></td><td></td><td></td></tr>
<tr><td>8</td><td rowspan="2">表面粗糙度</td><td>Ra≤1.6μm</td><td>4</td><td>每降一级扣2分</td><td></td><td></td><td></td></tr>
<tr><td>9</td><td>Ra≤3.2μm（3处）</td><td>6</td><td>每降一级扣1分</td><td></td><td></td><td></td></tr>
<tr><td>10</td><td>倒角</td><td>C1</td><td>2</td><td>超差不得分</td><td></td><td></td><td></td></tr>
<tr><td>11</td><td></td><td>C2　（4处）</td><td>4</td><td>超差不得分<br>（每一处2分）</td><td></td><td></td><td></td></tr>
<tr><td>12</td><td rowspan="2">工具、设备的使用保养与维护</td><td>正确、规范使用工具、量具、刃具；合理保养、维护工具、量具、刃具</td><td>5</td><td>不符合要求，酌情扣分</td><td></td><td></td><td></td></tr>
<tr><td>13</td><td>正确、规范使用设备，合理保养及维护设备</td><td>5</td><td>不符合要求，酌情扣分</td><td></td><td></td><td></td></tr>
<tr><td>14</td><td rowspan="2">安全文明生产</td><td>操作姿势正确、动作规范</td><td>5</td><td>不符合要求，酌情扣分</td><td></td><td></td><td></td></tr>
<tr><td>15</td><td>符合车工安全操作规程</td><td>15</td><td>不符合要求，酌情扣分</td><td></td><td></td><td></td></tr>
<tr><td>16</td><td>时间定额</td><td>150min</td><td></td><td>超过15min扣4分；超过30min为不合格</td><td></td><td></td><td></td></tr>
<tr><td colspan="5">合计</td><td></td><td></td><td></td></tr>
<tr><td colspan="9">教师总评意见：</td></tr>
<tr><td colspan="9">问题及改进方法：</td></tr>
</table>

**问题思考**

### 一、填空题

1. 轴类零件主要用于_____零件、传递_____，并保证安装在轴上的零件具有一定的_____。

2. 常用的轴类工件的装夹方法有_____装夹、_____装夹、_____装夹和_____装夹。

3. 常用的三种外圆车刀的主偏角分别是_____、_____和_____。

4. 加工较长或必须经过多次装夹加工的轴类零件时，一般常采用_____装夹方法。

5. 车削台阶时，常用的方法有_____、_____和_____。

6. _____是生产管理的重要工作，是保障操作人员和机床设备的安全、防止工伤和设备事故的根本保证。机械加工设备分为_____、_____和_____三大类。

7. 车槽时，常见的外沟槽主要有_____、_____和_____，主要采用_____加工。

8. 车精度不高且宽度较窄的矩形沟槽时，可用_____等于_____的车槽刀，采用_____加工。

### 二、选择题

1. 加工带台阶的轴类零件时，车刀的主偏角最好选择（　　）。
   A．45° 　　　　　　B．75° 　　　　　　C．略大于或等于90°

2. 车削刚性较差的零件时，车刀的主偏角最好选择（　　）。
   A．45° 　　　　　　B．75° 　　　　　　C．略大于或等于90°

3. 切断空心工件、管料时，切断刀主刀刃应（　　）于工件的回转中心。
   A．稍低 　　　　　　B．略高 　　　　　　C．等

4. 车削端面时，车刀的刀尖应（　　）工件中心。
   A．低于 　　　　　　B．高于 　　　　　　C．等

5. 车削细长轴的端面或钻中心孔时，为提高工件的刚性，常采用（　　）进行辅助支承。
   A．跟刀架 　　　　　　B．支承角铁 　　　　　　C．中心架

### 三、简答题

1. 简述轴类零件的功用、结构特点和分类。
2. 车削时，工件的装夹方法有哪些。
3. 采用三爪自定心卡盘装夹工件有什么特点？
4. 常用的外圆车刀有哪些？各适应什么场合？
5. 两顶尖装夹主要应用于什么场合？
6. 车削细长轴类工件时，常采用哪种装夹方法？
7. 车削加工前，为什么用试切法试切？简述试切法的步骤。

练习轴类零件的车削加工，分析产生质量问题的原因，找出改进措施。

# 任务4 车削套类零件

## 【知识要求】

1. 了解钻、扩、铰孔的加工工艺，掌握麻花钻的几何角度及刃磨方法；熟悉铰刀的组成、几何参数及选用方法。

2. 掌握内孔车刀的几何角度及刃磨方法。

3. 掌握轴套零件的装夹及加工方法、质量问题产生的原因及改进措施。

## 【技能要求】

1. 能够合理选择刀具，正确安装套类工件。

2. 能够制定加工工艺，进行套类工件的加工。

3. 学会查阅资料和自我学习，能灵活运用理论知识，解决实际问题。

如图 2-35 所示的轴套，毛坯材料为 45 号钢，毛坯尺寸为 $\phi65mm\times35mm$ 的锻件，已有 $\phi15mm$ 的毛坯孔，该零件的主要表面为端面、外圆、内孔，表面粗糙度全部 Ra 值为 3.2μm。本任务以轴套为例，主要通过零件图给出的相关信息，分析了解套类零件的功用、结构、材料、类型及主要技术要求，掌握套类零件的车削加工方法、刀具选择、测量及操作技能等。

任务分析：套类零件的主要加工表面为内、外圆表面。内圆，常简称孔，也是组成机械零件的基本表面，齿轮、轴套和带轮等机器零件的内圆柱面的加工，通常在车床上采用钻孔、扩孔、车孔和铰孔等方法来完成。

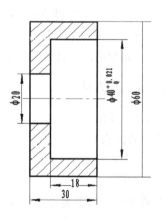

图 2-35 轴套

如图 2-35 所示的轴套，装夹方法可选择反爪装夹，先钻孔，再进行车孔。

内圆表面具有不同的结构尺寸、精度和表面质量要求，加工时按照内圆所在的零件结构

类型，选择不同的机床进行加工。回转体零件上的内圆表面主要在车床和磨床上加工；非回转体零件（如箱体、机体类零件），其内孔可在钻床、镗床、铣床和加工中心上进行，本任务主要介绍套类零件内孔的加工方法。

### 一、套类零件的功用、种类及结构特点

**1. 套类零件的功用及种类**

套类零件主要用于支承和导向。它的应用范围很广，如图 2-36 所示，支承旋转轴各种形式的轴承、夹具上引导刀具的导向套、内燃机上的汽缸套以及液压缸等。

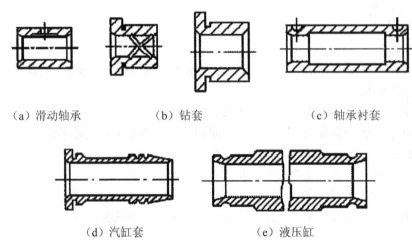

（a）滑动轴承　　　（b）钻套　　　（c）轴承衬套

（d）汽缸套　　　（e）液压缸

图 2-36　套类零件示例

**2. 结构特点**

由于功用不同，套类零件在结构和尺寸上有很大的差别，但结构上仍有共同特点：零件的主要加工表面为内、外旋转表面，形状精度和位置精度要求较高，表面粗糙度较小，孔壁较薄且在加工中容易变形，零件长度一般大于孔的直径。

### 二、钻孔及钻孔刀具

**（一）标准麻花钻**

**1. 麻花钻的结构**

标准麻花钻主要由刀柄部分、颈部和刀体部分组成，刀体部分又分为切削部分和导向部分，如图 2-37 所示。

（1）刀柄部分。用于装夹麻花钻和传递动力。柄部有直柄和莫氏锥柄两种形式。一般直径小于 $\phi13mm$ 使用直柄，$\phi12mm$ 以上用莫氏锥柄，在锥柄的后端做出扁尾，以供使用斜铁将麻花钻从钻套中取出。

（2）颈部。颈部是钻柄与工作部分的连接部分，在麻花钻制造的磨削过程中起退刀的作用，一般麻花钻的尺寸规格、材料牌号标记也打印在此处。

（3）刀体部分。刀体部分分为导向部分和切削部分。

麻花钻的导向部分是它的螺旋排屑槽部分，起导向和排屑作用，也是切削部分的后备部分。导向部分具有倒锥，即外径从切削部分向柄部逐渐减小，从而形成很小的副偏角，以减小

棱边与孔壁的摩擦。标准麻花钻的倒锥量是每 100mm 长度上减少 0.03～0.02mm。

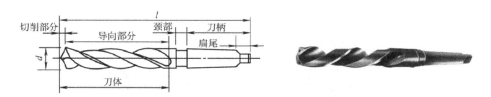

（a）锥柄麻花钻

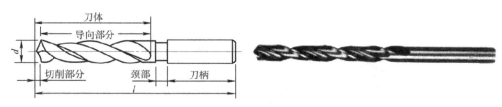

（b）直柄麻花钻

图 2-37  标准麻花钻的组成

麻花钻的切削部分主要承担主要的切削工作，由两个螺旋前刀面、两个圆锥后刀面和两个副后刀面组成。前、后刀面相交处为主切削刃，两后刀面在钻芯处相交形成的切削刃称为横刃，标准麻花钻的主切削刃、横刃近似为直线。前面与刃带相交的棱边称为副切削刃，它是一条螺旋线，如图 2-38 所示。

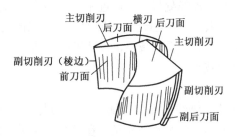

图 2-38  麻花钻的切削部分

**2. 麻花钻的切削角度**

麻花钻的切削部分可看作是正反两把车刀，所以它的几何角度的概念与车刀基本相同，但也有其特殊性。其主要的切削角度如图 2-39 所示。

（1）顶角（$2\kappa_r$）

顶角是两主切削刃在平行于麻花钻轴线的平面上投影的夹角。标准麻花钻的顶角一般为 $2\kappa_r = 118°\pm2°$，当顶角为 118°时，主切削刃为直线，切削刃上各点顶角不变。而各点上的主偏角略有变化，为了方便，取顶角的一半作为主偏角的值。

（2）前角（$\gamma_o$）

麻花钻主切削刃上任一点的前角是在正交平面内测量的前刀面与基面之间的夹角。麻花钻的前面是螺旋面，因此，主切削刃上各点处的前角大小不同，主要和螺旋角的大小有关，螺旋角越大，前角也越大，麻花钻的切削刃越锋利。麻花钻的前角以外缘处为最大，约为 30°，自外缘向中心逐渐减小。在 d/3 范围内为负值，接近横刃处的前角约为 $\gamma_o$=-30°，横刃上的前角约为-54°～-60°。

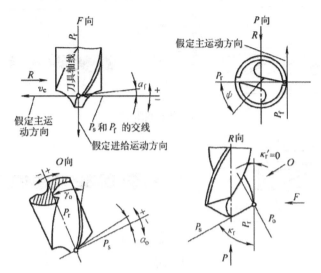

$P_r$-基面；$P_s$-切削平面；$P_f$-假定工作平面；$P_o$-正交平面

图 2-39  标准麻花钻的主要角度

（3）后角（$a_o$）

后角是在正交平面内测量的后面与切削平面之间的夹角。后角的大小也是变化的，刃磨时将主切削刃上各点的后角磨成外缘处最小，接近中心处最大，以便与前角的变化相适应，使切削刃上各点的楔角不致相差太大。中心处后角加大后，可以改善横刃处的切削条件。此外，由于进给运动的影响，使麻花钻工作后角减小，而且越接近钻心减小量越大，后角磨成内大外小也正是为了弥补工作后角的减小值。

（4）横刃斜角（$\psi$）

横刃斜角是在垂直于麻花钻轴线的端面投影中，横刃与主切削刃之间的夹角。横刃斜角的大小和横刃的长短是由后角和顶角大小决定的。在顶角一定的情况下，后角越大，横刃斜角越小，横刃就越长。因此，在刃磨时可用横刃斜角来判断后角是否磨得合适，一般横刃斜角$\psi$=50°～55°。

3. 麻花钻的刃磨

（1）麻花钻的刃磨要求

①根据加工材料的材质刃磨出正确的顶角 $2\kappa_r$，两条主切削刃必须关于轴线对称，即长度应相等，它们与轴线的夹角也应相等，主切削刃应成直线；

②后角应刃磨适当，以获得正确的横刃斜角 $\psi$，一般 $\psi$=50°～55°；

③主切削刃、刀尖和横刃应锋利，不允许有钝口、崩刃；

④刃磨时应注意冷却，防止切削部分过热而引起退火。

（2）麻花钻的修磨方法

麻花钻的修磨是指在普通刃磨的基础上，根据具体的加工要求对麻花钻结构上不够合理的部分进行补充刃磨和工艺修磨，主要的修磨方法有修磨横刃、修磨前刀面、修磨棱边、双重刃磨、开分屑槽、磨出内凹圆弧刃等。

4. 麻花钻的选用

（1）钻孔属于粗加工，其精度和尺寸可达到IT11～IT12，表面粗糙度Ra12.5～Ra25μm。麻花钻是钻孔的常用工具，麻花钻一般是由高速钢制成。由于高速切削的发展，镶硬质合金的麻花钻也得到了广泛应用。

（2）选用麻花钻时应留出下道工序的加工余量，对于精度要求较高的孔，先钻孔再车孔；而选用麻花钻长度时，应使麻花钻螺旋槽部分略长于孔深。麻花钻过长则刚度低，麻花钻过短则排屑困难，也不宜钻通孔。

（二）钻孔方法

用麻花钻在实体材料上加工出孔的操作方法叫钻孔。

1. 麻花钻的装夹

（1）直柄麻花钻的装夹。装夹时，用钻夹头夹住麻花钻直柄，然后将钻夹头的锥柄用力装入尾座套筒内即可使用，如图3-40（a）所示。

（2）锥柄麻花钻的装夹。如果麻花钻的锥柄和尾座套筒锥孔的规格相同，可直接将麻花钻插入尾座套筒锥孔内进行钻孔；如果麻花钻的锥柄和尾座锥孔的规格不同，可采用莫氏过渡锥套插入尾座锥孔中，如图3-40（b）所示。

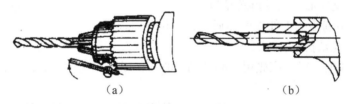

（a）　　　　　　　　　　　（b）

图2-40　麻花钻的装夹

2. 钻孔的步骤

（1）钻孔前先将工件平面车平，中心处不许留有凸台，以利于麻花钻正确定心。

（2）找正尾座，使麻花钻中心对准工件旋转中心，否则可能会产生孔径钻大、钻偏甚至折断麻花钻。

（3）用细长麻花钻钻孔时，为了防止麻花钻晃动，可在刀架上夹一个挡铁，起到支撑和定心的作用，如图2-41所示。

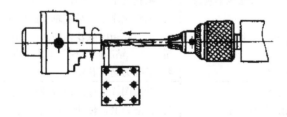

图2-41　用挡铁支顶麻花钻

即先用麻花钻尖部少量钻进工件平面，然后缓慢摇动中滑板，移动挡铁，逐渐接近麻花钻前端，以使麻花钻的中心稳定在工件回转中心的位置上，但挡铁不能将麻花钻支顶过工件回转中心，否则容易折断麻花钻。当麻花钻已正确定心时，挡铁即可退出。另一种办法是先用中心钻在端面钻出中心孔。这样既便于定心，又保证孔的同轴度。

（4）在实体材料上钻孔，小孔径可以一次钻出。若孔超过 30mm，则不宜用大直径麻花钻一次钻出。因为麻花钻直径大，其横刃亦长，轴向切削阻力亦大，钻削时费力。此时可分为两次钻出，即先用一支小麻花钻钻出底孔，再用大麻花钻钻出所要求的尺寸。一般情况下，第一支麻花钻直径为第二次钻孔直径的 0.5～0.7 倍。

（5）钻孔后需铰孔的工件由于所留铰孔余量较少，因此当麻花钻钻进 1～2mm 后应将麻花钻退出，停机检查孔径，以防因孔径扩大没有铰削余量而报废。

（6）钻不通孔与钻通孔的方法基本相同，不同的是，钻不通孔时需要控制孔的深度。具体方法：启动机床，摇动尾座手轮，当钻尖开始切入工件端面时，用钢直尺量出尾座套筒的伸出长度，那么钻不通孔的深度就应该控制为所测伸出长度加上孔深，如图 2-42 所示。

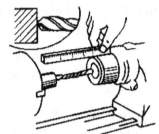

图 2-42　钻不通孔

**3. 钻孔的注意事项**

（1）将麻花钻装入尾座套筒内，找正麻花钻轴线与工件旋转轴线相重合，否则可能会使孔径变大、钻偏甚至折断麻花钻。

（2）钻孔前必须将端面车平，中心处不允许有凸台，否则麻花钻不能自动定心，会使麻花钻折断。

（3）当麻花钻刚接触工件端面和通孔快要钻穿时，进给量要小，以防麻花钻折断。

（4）钻小而深的孔时，应先用中心钻钻中心孔，以免将孔钻歪。在钻孔过程中必须经常退出麻花钻，清除切屑。

（5）钻削钢料时必须浇注足量的切削液，使麻花钻冷却。钻削铸件时可不用切削液。

（6）内孔应防止喇叭口和出现试刀痕迹。

**4. 钻孔的质量分析**

钻孔时，产生废品的主要种类是孔歪斜及孔扩大，产生原因及预防措施如表 2-7 所示。

表 2-7　钻孔时产生废品的原因及预防措施

| 废品种类 | 产生原因 | 预防措施 |
| --- | --- | --- |
| 孔歪斜 | 1. 工件端面不平或与轴线不垂直<br>2. 尾座偏移<br>3. 麻花钻刚性差，初钻时进给量过大<br>4. 麻花钻顶角不对称 | 1. 钻孔前车平端面，中心不能用凸台<br>2. 调整尾座轴线与主轴轴线同轴<br>3. 选用较短的麻花钻或用中心钻先钻导向孔；初钻时进给量要小，钻削时应经常退出麻花钻，清除切屑后再钻<br>4. 正确刃磨麻花钻 |
| 孔径扩大 | 1. 麻花钻直径选错<br>2. 麻花钻主切削刃不对称<br>3. 麻花钻未对准工件中心 | 1. 看清图样，仔细检查麻花钻直径<br>2. 仔细刃磨，使两主切削刃对称<br>3. 检查麻花钻是否弯曲，钻夹头、钻套是否装夹正确 |

### 三、铰孔及铰刀

铰孔是用铰刀从工件孔壁上切除微量的金属层，以提高尺寸精度和减小表面粗糙度值的方法。

1. 铰孔的特点及应用

经过铰孔加工达到的尺寸精度一般为 IT8~IT6 级，表面粗糙度值为 Ra1.6~0.4μm。铰削精度取决于铰刀的质量和安装方式。铰孔只能提高孔本身的尺寸精度和形状精度，不能校正前道工序的孔的位置误差，不宜加工短孔、深孔和断续孔，常作为未淬硬小孔的精加工。一般加工孔的直径为 1~100mm。

2. 铰刀及铰孔方式

铰刀由工作部分、颈部及柄部组成。柄部用来装夹和传递转矩，有圆柱形、圆锥形和方榫形三种。工作部分是由校准部分（倒锥部分和圆柱部分）和切削部分组成。校准部分的作用是引导铰刀头部进入孔内，切削部分主要担任切削工作，能切下很薄的切屑。

铰刀分为手用铰刀和机用铰刀。手用铰刀是用铰杠夹持，在台虎钳上通过手工操作完成铰孔工作，主要用于单件、小批量生产或装配工作。机用铰刀可以安装在钻床、车床或镗床上进行铰孔，常用于成批大量生产，如图 2-43 所示。

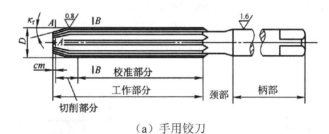

（a）手用铰刀

（b）机用铰刀

图 2-43　铰刀

3. 铰孔时的注意事项

（1）装夹铰刀时，注意锥柄和锥套的清洁，保证与主轴中心线对准。安装时最好认定铰刀的安装方向，以防铰刀有弯曲，当方向有转动后，孔径可能有变化。

（2）要防止铰刀中心与工件中心不一致，否则铰孔时可能会产生锥形，或把孔铰大。

（3）铰削钢件时，应防止产生积屑瘤，否则容易把孔拉毛或把孔铰大而成废品。

（4）应先试铰，以免造成废品。

（5）切削液不能间断，浇注位置应在切削区域。

（6）注意铰刀保养，避免碰伤。

**四、车孔及内孔车刀**

铸造孔、锻造孔或用麻花钻钻出的孔，为达到所要求的尺寸精度、位置精度和表面粗糙度，可采用车孔的方法。车孔是常用的孔加工方法之一，精度等级可达 IT7～IT8，表面粗糙度 Ra6.3～0.8μm，可以作为半精加工和精加工。车孔还可以修正孔的直线度。车孔应根据孔的不同选用合适的车刀。

（一）内孔车刀

**1. 内孔车刀的种类**

内孔车刀的种类很多，按孔的结构，可分为通孔车刀和盲孔车刀；按刀具切削部分的材料，可分高速钢和硬质合金内孔车刀；按刀的结构，可分焊接式、整体式、装配式、可转位式。

（1）通孔车刀

通孔车刀切削部分的几何形状基本上与外圆车刀相似，如图 2-44（a）所示，为了减小径向切削抗力并防止车孔时振动，主偏角 $\kappa_r$ 应取得大些，一般在 60°～75°之间，副偏角 $\kappa_r'$ 一般为 15°～30°。

（2）盲孔车刀

盲孔车刀用来车削盲孔或台阶孔，切削部分的几何形状基本上与偏刀相似，如图 2-44（b）所示。它的主偏角 $\kappa_r$ 大于 90°，一般为 92°～95°，后角的要求和通孔车刀一样。不同之处是，盲孔车刀刀尖在刀杆的最前端，刀尖到刀杆外端的距离 $a$ 小于孔半径 $R$，否则无法车平孔的底面。

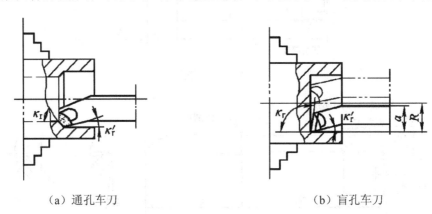

（a）通孔车刀　　　　　　　　　（b）盲孔车刀

图 2-44　内孔车刀

内孔车刀刀杆细而长，刚性差，切削时弹性变形大，容易产生振动，所以内孔车刀的主偏角应选大些，以减少径向力的影响。车铸铁孔一般取 $\kappa_r$ =90°；粗车钢件孔时，一般取 $\kappa_r$ =60°～75°，以提高刀具的寿命。

**2. 内孔车刀的装夹**

内孔车刀的装夹直接影响到车削情况及孔的精度，所以装夹时要注意以下问题：

（1）刀尖应与工件中心等高或稍高。如果装得低于中心，由于切削抗力的作用，容易将刀柄压低而产生扎刀现象，并可造成孔径扩大。

（2）刀柄伸出刀架不宜过长，一般比被加工孔长 5～6mm。

（3）刀柄基本平行于工件轴线，否则在车削到一定深度时，刀柄后半部容易碰到工件孔口。

（4）盲孔车刀装夹时，车刀的主刀刃应与孔底平面成 3°～5°的夹角，保证在车平孔底面时横向有足够的退刀空间。

（5）装夹后，让车刀在孔内试走一遍，检查刀杆与孔壁是否相碰。

（二）车孔方法

孔的形状不同，车孔的方法也有差异，增加车刀的刚性和解决排屑问题是车孔的两大关键技术。

1. 车直孔

根据孔径的大小和长度选用和装夹通孔车刀，车直孔的切削用量要比车外圆时适当减小些，特别是车小孔或深孔时，其切削用量应更小。

2. 车台阶孔

（1）不同类型台阶孔的车削方法

1）车直径较小的台阶孔时，由于观察困难而尺寸精度不易掌握，所以常采用先粗车、精车小孔，再粗车、精车大孔。

2）车直径大的台阶孔时，在便于测量小孔尺寸而视线又不受影响的情况下，一般先粗车大孔和小孔，再精车小孔和大孔。

3）车削孔径尺寸相差较大的台阶孔时，最好采用主偏角为 $\kappa_r$ =85°～88° 的车刀先粗车，然后再用内偏刀精车。直接用内偏刀车削时，背吃刀量不可太大，否则刀刃容易损坏。其原因是刀尖处于刀刃的最前端，切削时刀尖先切入工件，因此其承受切削力最大，加上刀尖本身强度差，所以容易碎裂；由于刀柄伸长，在轴向抗力的作用下，背吃刀量大容易产生振动和扎刀。

（2）台阶孔深的控制

粗车时，可以采用在刀柄上刻线痕做记号的方法，如图 2-45（a）所示；或安放限位铜片，如图 2-45（b）所示；还可以采用床鞍刻线盘控制等方法。

（a）刻线痕法　　　　　　　（b）安放限位铜片

图 2-45　控制车孔深度的方法

精车时，需用小滑板刻度盘或游标深度尺等来控制车孔深度。

3. 车盲孔（平底孔）

车盲孔时，其内孔车刀的刀尖必须与工件的旋转中心等高，否则不能将孔底车平。检验刀尖中心高的简便方法是车端面时进行对刀，若端面能车至中心，则盲孔底面也能车平。同时，还必须保证盲孔车刀的刀尖至刀柄外侧的距离 $a$ 应小于内孔半径 $R$，否则切削时刀尖还未车至工件中心，刀柄外侧就已与孔壁相碰。

4. 注意事项

（1）中滑板进、退刀方向应与车外圆相反。

（2）用内径百分表测量时，应检查整个测量装置是否正常；测量时不能超过其测量范围，并注意百分表的读法。

（3）用塞规测量孔径时应保持孔壁清洁，塞规不能倾斜；当工件温度较高时，不能立即测量，以免造成测量不准确或塞规被卡在孔中。

（4）精车内孔时，应保持刀刃锋利，不然会产生"让刀"而把孔车成锥形。

（5）车小孔时，更应注意排屑问题。

（6）内孔应防止喇叭口和出现试刀痕迹。

5. 车孔的质量分析

车孔时，可能产生的废品种类、产生的原因及预防方法如表 2-8 所示。

表 2-8　车孔时产生废品的原因及预防方法

| 废品种类 | 产生原因 | 预防方法 |
|---|---|---|
| 尺寸超差 | 1. 测量不正确<br>2. 车刀装夹不对，刀柄与孔壁相碰<br>3. 产生积屑瘤，增加刀尖长度，将孔车大<br>4. 工件的热胀冷缩 | 1. 要仔细测量。用游标卡尺测量时，要调整好卡尺的松紧，控制好位置，并进行试切<br>2. 应在未启动车床前，先把车刀在孔内走一遍，检查是否会相碰，确定合理的刀柄直径<br>3. 研磨前面时使用切削液，增大前角，选择合理的切削速度<br>4. 应使工件冷却后再精车，加切削液 |
| 内孔有锥度 | 1. 刀具磨损<br>2. 刀柄刚性差，产生"让刀"现象<br>3. 刀柄与孔壁相碰<br>4. 车刀轴线歪斜<br>5. 床身不水平，使床身导轨与主轴轴线不平行<br>6. 床身导轨磨损。由于磨损不均匀，使走刀痕迹与工件轴线不平行 | 1. 提高刀具寿命，采用耐磨的硬质合金车刀<br>2. 尽量采用大尺寸的刀柄，减小切削用量<br>3. 正确装夹车刀<br>4. 检查车床精度，校正主轴轴线跟床身导轨的平行度<br>5. 校正车床水平<br>6. 大修车床 |
| 内孔不圆 | 1. 孔壁薄，装夹时产生变形<br>2. 轴承间隙太大，主轴颈成椭圆<br>3. 工件加工余量和材料组织不均匀 | 1. 选择合理的装夹方法<br>2. 大修车床，并检查主轴的圆柱度<br>3. 增加半精车，把不均匀的余量车去，使精车余量尽量减小和均匀。对工件毛坯进行回火处理 |
| 内孔不光 | 1. 车刀磨损<br>2. 车刀刃磨不良，表面粗糙度大<br>3. 车刀几何角度不合理，装刀低于中心<br>4. 切削用量选择不当<br>5. 刀柄细长，产生振动 | 1. 重新刃磨车刀<br>2. 保证刀刃锋利，研磨车刀前后面<br>3. 合理选择刀具角度，精车装刀时可略高于工件中心<br>4. 适当降低切削速度，减小进给量<br>5. 加粗刀柄和降低切削速度 |

## 一、准备工作

1. 毛坯：$\phi$35mm×62mm 的棒料，材料为 45 号钢。

2. 设备：CDZ6140 型车床。

3. 工艺装备：三爪自定心卡盘，前、后顶尖，鸡心夹头，90°硬质合金车刀，45°车刀。

4．量具：0.02mm/(0～150)mm 游标卡尺、塞规或内径百分表；钻夹头及钻套、三爪自定心卡盘、0.02mm/(0～200)mm 游标深度尺、弹簧内卡钳。

## 二、技能训练

轴套零件的操作步骤如下：

1．车平端面，车削外圆 $\phi 60$ 至尺寸要求；

2．钻孔 $\phi 18$mm；

（1）背吃刀量。背吃刀量是麻花钻直径的 1/2，即 9mm。

（2）切削速度。用高速钢麻花钻钻孔时，切削速度一般选 $v_c$=18mm/min（n=320r/min）左右。

（3）进给量。用手慢慢转动尾座手轮来实现进给运动，选 $f$=0.20mm/r。

3．调头，夹持 $\phi 60$，齐总长至要求尺寸；

4．粗精车 $\phi 20$mm 孔至要求尺寸；

5．粗车 $\phi 40$ 孔，留 0.5mm 余量；

背吃刀量约为 2mm，切削速度约为 30m/min，进给量约为 0.2mm/r。

6．精车 $\phi 40$ 孔至要求尺寸；

背吃刀量约为 0.5mm，切削速度约为 60m/min（n=710r/min），进给量约为 0.1mm/r。

7．去毛刺。

8．检验。

## 三、注意事项

1．严格遵守车间安全操作规程。

2．必须按规定操作步骤和要求进行练习，禁止进行与训练内容无关的其他操作。

3．练习完毕，正确放置工具、夹具、量具及工件。

4．擦拭机床，清理工作场地。

## 四、检查评价，填写实训日志

| 序号 | 考核项目 | 考核内容及要求 | 配分 | 评分标准 | 成绩 | | |
|---|---|---|---|---|---|---|---|
| | | | | | 学生自检 | 小组互检 | 教师终检 |
| 1 | 内孔尺寸 | $\phi 20$mm | 15 | 超差不得分 | | | |
| 2 | | $\phi 40_0^{+0.021}$mm | 15 | 超差不得分 | | | |
| 3 | 外圆尺寸 | $\phi 60$ | 10 | 超差不得分 | | | |
| 4 | 长度尺寸 | 18mm | 10 | 超差不得分 | | | |
| 5 | | 30mm | 10 | 超差不得分 | | | |
| 6 | 表面粗糙度 | Ra3.2μm | 5 | 每降一级扣 2 分 | | | |
| 7 | 倒角 | C1 | 5 | 超差不得分 | | | |

检查评价单（轴套）

续表

| 序号 | 考核项目 | 考核内容及要求 | 配分 | 评分标准 | 成绩 | | |
|---|---|---|---|---|---|---|---|
| | | | | | 学生自检 | 小组互检 | 教师终检 |
| 8 | 工具、设备的使用保养与维护 | 正确、规范使用工具、量具、刃具；合理保养、维护工具、量具、刃具 | 5 | 不符合要求,酌情扣分 | | | |
| 9 | | 正确、规范使用设备,合理保养及维护设备 | 5 | 不符合要求,酌情扣分 | | | |
| 10 | 安全文明生产 | 劳保用品穿戴整齐 | 5 | 不符合要求,酌情扣分 | | | |
| 11 | | 操作姿势正确、动作规范符合车工安全操作规程 | 15 | 不符合要求,酌情扣分 | | | |
| 12 | 时间定额 | 150min | | 超过15min扣4分;超过30min为不合格 | | | |
| 合计 | | | | | | | |
| 教师总评意见: | | | | | | | |
| 问题及改进方法: | | | | | | | |

## 问题思考

### 一、填空题

1．标准麻花钻主要_____、_____和_____三部分组成。

2．标准麻花钻的螺旋槽部分,起_____和_____作用,也是切削部分的后备部分。

3．标准麻花钻的主切削刃为直线时,顶角一般为_____。

4．标准麻花钻主切削刃上各点处的前角大小_____,自切削刃外缘向钻心角度逐渐_____。

5．横刃斜角的大小和横刃的长短由_____角的大小决定,_____增大时,横刃斜角变_____,横刃变_____。

6．铰刀分为_____铰刀和_____铰刀两种,_____铰刀用铰杠夹持,主要用于单件小批生产或装配工作。

7．内孔车刀按孔的结构,可分为_____车刀和_____车刀。

8．车孔的两大关键技术是增加车刀的_____和解决_____问题。

## 二、选择题

1. 标准麻花钻的前刀面是指（　　）。
   A. 螺旋槽面　　　　　B. 钻顶螺旋圆锥面　　　　C. 棱边
2. 标准麻花钻的前刀面是指（　　）。
   A. 螺旋槽面　　　　　B. 钻顶螺旋圆锥面　　　　C. 棱边
3. 标准麻花钻的横刃斜角一般是（　　）。
   A. 55°　　　　　　　B. 118°　　　　　　　　C. 30°
4. 盲孔车刀的主偏角一般是（　　）。
   A. 55°　　　　　　　B. 90°　　　　　　　　C. 略大于 90°

## 三、简答题

1. 简述套类零件的功用、结构特点和分类。
2. 麻花钻的主要几何角度有哪些？
3. 麻花钻的顶角通常为多少度？怎样根据刀刃形状来判别顶角大小？
4. 刃磨麻花钻有哪些基本要求？
5. 铰刀的种类有哪些？各适应什么场合？
6. 通孔车刀与不通孔车刀有什么区别？
7. 车孔为什么比车外圆困难？
8. 车盲孔时，用来控制孔深的方法有几种？

练习套类零件的车削加工，分析产生质量问题的原因并找出改进措施。

# 任务 5　车削螺纹类零件

### 【知识要求】

1. 掌握螺纹车刀的种类、用途及几何角度。
2. 了解三角螺纹的种类，掌握普通三角螺纹的加工方法、测量与计算。
3. 掌握三角螺纹的加工方法。

### 【技能要求】

1. 能够根据工件螺距选择车刀几何角度，合理选择螺纹刀具。
2. 能够制定加工工艺，进行螺纹工件的加工。
3. 学会查阅资料和自我学习，能灵活运用理论知识，解决实际问题。

**任务描述**

在机械制造业中，有许多零件都具有螺纹。由于螺纹既可以用于连接、紧固、调节及测量，又可以用来传递动力或改变运动形式，因此应用十分广泛。螺纹表面与其他表面一样，也有一定的尺寸精度、形位精度和表面质量的要求。在加工中，应根据螺纹表面的技术要求及种类，制定相应的加工方案。本任务主要通过如图 2-46 所示螺纹轴的加工练习，熟练掌握螺纹的基础知识、测量方法及普通三角螺纹的加工技巧。

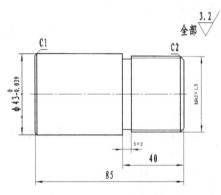

图 2-46　三角螺纹轴

**相关资讯**

### 一、螺纹基础知识

**（一）螺纹的种类**

螺纹的种类很多，按牙型特征可分为三角形、矩形、圆形、梯形和锯齿形螺纹；按螺旋线的旋向可分为右旋螺纹和左旋螺纹；按螺旋线的线数可分为单线螺纹和多线螺纹；按母体形状可分为圆柱螺纹和圆锥螺纹。按用途的不同可分为以下两类：

（1）紧固螺纹。用于零部件间的紧固和联结。为保证联结可靠，要求这类螺纹具有自锁性。常用的有普通三角形螺纹（牙形角 60° 为米制螺纹，牙形角 55° 为英制螺纹）、圆柱管螺纹和圆锥管螺纹（牙形角 55° 或 60°）。

（2）传动螺纹。用于传递运动，将旋转运动转变为直线运动，除了要保证传递运动的准确性外，还需传递一定的动力、位移。常用的牙型有梯形、矩形和锯齿形，如机床的丝杠、蜗杆等。

**（二）螺纹术语**

1. 螺纹牙型、牙型角和牙型高度

螺纹牙型是指在通过螺纹轴线剖面上的螺纹轮廓形状，如图 2-47 所示。

牙型角（$\alpha$）：是在螺纹牙型上相邻两牙侧间的夹角。

牙型高度（$h_1$）：是在螺纹牙型上，牙顶到牙底在垂直于螺纹轴线方向上的距离。

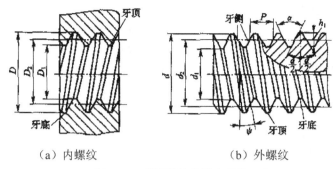

（a）内螺纹　　　　　　（b）外螺纹

图 2-47　普通螺纹的基本参数

2. 螺纹直径

（1）螺纹公称直径：它是代表螺纹尺寸的直径，一般是指螺纹大径的基本尺寸。

（2）螺纹大径（$d$、$D$）：螺纹大径是指与外螺纹牙顶或内螺纹牙底相切的假想圆柱或圆锥的直径。外螺纹和内螺纹的大径分别用 $d$ 和 $D$ 表示。

（3）螺纹小径（$d_1$、$D_1$）：螺纹小径是指与外螺纹牙底或内螺纹牙顶相切的假想圆柱或圆锥的直径。外螺纹和内螺纹的小径分别用 $d_1$、$D_1$ 表示。

（4）螺纹中径（$d_2$、$D_2$）：螺纹中径是指一个假想圆柱或圆锥的直径，该圆柱或圆锥的素线通过牙型上沟槽和凸起宽度相等的地方。同规格的外螺纹中径 $d_2$ 和内螺纹中径 $D_2$ 的公称尺寸相等。

3. 螺距（$P$）

螺距是指相邻两牙在中径线上对应两点间的轴向距离，如图 2-47（b）所示。

4. 导程（$P_h$）

导程是指同一条螺旋线上相邻两牙在中径线上对应两点间的轴向距离。

导程的计算公式：

$$P_h = nP \tag{2-1}$$

式中：$P_h$——导程，mm；

　　　$n$——线数；

　　　$P$——螺距，mm。

5. 螺纹升角（$\psi$）

在中径圆柱或中径圆锥上，螺旋线的切线与垂直于螺纹轴线平面的夹角称为螺纹升角，如图 2-48 所示。

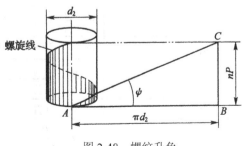

图 2-48　螺纹升角

螺纹升角的计算公式：

$$\tan\psi = \frac{P_h}{\pi d_2} = \frac{nP}{\pi d_2} \qquad (2\text{-}2)$$

式中：$\psi$——螺纹升角；

$P_h$——导程，mm；

$n$——线数；

$P$——螺距，mm；

$d_2$——中径，mm。

（三）识读普通螺纹标记的含义

普通螺纹分粗牙普通螺纹和细牙普通螺纹两种。粗牙普通螺纹代号用字母 M 及公称直径表示，如 M12、M16 等；细牙普通螺纹代号用字母 M 及公称直径×螺距表示，如 M20×1.5、M10×1 等。当公称直径相同时，细牙普通螺纹比粗牙普通螺纹的螺距小。左旋螺纹在代号末尾加注 LH，如 M6－LH、M16×1.5－LH 等，未注明的为右旋螺纹。

（四）普通三角螺纹的尺寸计算

普通三角螺纹的牙型如图 2-49 所示，其基本要素的尺寸如表 2-9 所示。

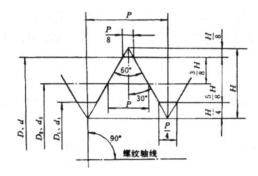

图 2-49　普通三角螺纹的牙型

表 2-9　普通三角螺纹的尺寸计算　　　　　　　　　　　　　　　　mm

| | 名称 | 代号 | 计算公式 |
|---|---|---|---|
| 外螺纹 | 牙形角 | $\alpha$ | 60° |
| | 原始三角形高度 | $H$ | $H = 0.866P$ |
| | 牙形高度 | $h$ | $h = \dfrac{5}{8}H = \dfrac{5}{8} \times 0.866P = 0.5413P$ |
| | 中径 | $d_2$ | $d_2 = d - 2 \times \dfrac{3}{8}H = d - 0.6495P$ |
| | 小径 | $d_1$ | $d_1 = d - 2h = d - 1.0825P$ |
| 内螺纹 | 中径 | $D_2$ | $D_2 = d_2$ |
| | 小径 | $D_1$ | $D_1 = d_1$ |
| | 大径 | $D$ | $D = d = $ 公称直径 |
| 螺纹升角 | | $\psi$ | $\tan\psi = \dfrac{nP}{\pi d_2}$ |

**例 2-1**　计算普通外螺纹 M16 的各部分尺寸。

**解**：已知 $d$ =16mm，$P$=2mm。依表 2-9 得：

$d_2 = d - 0.6495P = 16 - 0.6495 \times 2 = 14.701\text{mm}$

$d_1 = d - 1.0825P = 16 - 1.0825 \times 2 = 13.835\text{mm}$

$H = 0.866P = 0.866 \times 2 = 1.732\text{mm}$

$H = 0.5413P = 0.5413 \times 2 = 1.083 \text{ mm}$

（五）螺纹表面的技术要求

螺纹表面与其他表面一样，也有一定的尺寸精度、形位精度和表面质量要求。

如图 2-50（b）所示的圆头螺钉，它的中径和大径的精度要求分别为 5g 和 6g；中径表面粗糙度 Ra 值为 0.8μm，大径表面粗糙度 Ra 值为 1.6μm。

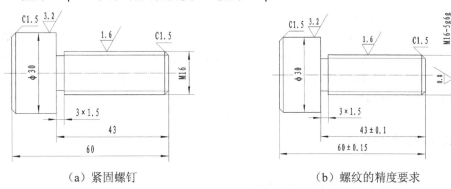

（a）紧固螺钉　　　　　　　　　　　　　（b）螺纹的精度要求

图 2-50　圆头螺钉

## 二、螺纹表面的加工方法

（一）攻螺纹和套螺纹

攻螺纹和套螺纹是加工尺寸较小的内、外螺纹常用的方法。攻螺纹和套螺纹的加工精度较低，主要用于精度要求不高的普通螺纹。

**1. 攻螺纹**

攻螺纹是指用丝锥在内孔表面上加工出螺纹的加工方法。主要加工内螺纹，分为手攻和机攻。单件小批生产时采用手攻，成批生产时则采用机攻。攻螺纹时速度一般很低且要加切削液。螺纹尺寸较小，加工精度要求不高时，可采用攻螺纹的方法加工。

（1）丝锥。丝锥采用高速钢制成，一般分为手用丝锥和机用丝锥，如图 2-51 所示。

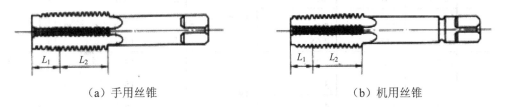

（a）手用丝锥　　　　　　　　　　　　　（b）机用丝锥

图 2-51　丝锥

①手用丝锥。如图 2-51（a）所示，通常有两只一套，俗称头锥和二锥，如图 2-52 所示。在攻螺纹时，为了依次使用丝锥，可根据丝锥在切削部分磨去齿的不同数量来区别；头锥磨去

三到七牙，二锥磨去二到五牙。

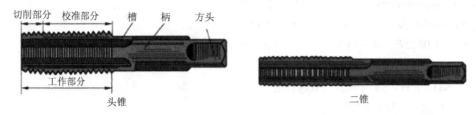

图 2-52　头锥和二锥

②机用丝锥。如图 2-51（b）所示。在车床或钻床上加工螺纹通常使用机用丝锥，它与手用丝锥形状相似，在柄部多了一条环形槽，以防止丝锥从夹具内脱落。

（2）使用丝锥攻螺纹的方法

①攻螺纹前底孔直径的确定。攻螺纹前首先需要钻出底孔。底孔的直径必须比螺纹的小径稍大一点，这是为了减小切削抗力和避免丝锥断裂。底孔直径要根据材料的性质来决定。在实际操作中，普通螺纹攻螺纹前底孔直径可查阅有关手册（表 2-10）或按以下近似公式计算：

加工钢及塑性材料时：

$$D_孔 \approx D - P \qquad (2\text{-}3)$$

加工铸铁或脆性材料时：

$$D_孔 \approx D - 1.05P \qquad (2\text{-}4)$$

式中　$D_孔$——攻螺纹前的钻孔直径，mm；

　　　$D$——螺纹大径，mm；

　　　$P$——螺距，mm。

表 2-10　普通螺纹攻螺纹前钻底孔的钻头直径

| 螺纹直径 $D$ | 螺距 $P$ | 钻头直径 $d_0$ | | 螺纹直径 $D$ | 螺距 $P$ | 钻头直径 $d_0$ | |
| --- | --- | --- | --- | --- | --- | --- | --- |
| | | 铸铁、青铜、黄铜 | 钢、可锻铸铁、紫铜、层压板 | | | 铸铁、青铜、黄铜 | 钢、可锻铸铁、紫铜、层压板 |
| 2 | 0.4 | 1.6 | 1.6 | 14 | 2 | 11.8 | 12 |
| | 0.25 | 1.75 | 1.75 | | 1.5 | 12.4 | 12.5 |
| 2.5 | 0.45 | 2.05 | 2.05 | | 1 | 12.9 | 13 |
| | 0.35 | 2.16 | 2.15 | 16 | 2 | 13.8 | 14 |
| 3 | 0.5 | 2.5 | 2.5 | | 1.5 | 14.4 | 14.5 |
| | 0.35 | 2.65 | 2.65 | | 1 | 14.9 | 15 |
| 4 | 0.7 | 3.3 | 3.3 | 18 | 2.5 | 15.3 | 15.5 |
| | 0.5 | 3.5 | 3.5 | | 2 | 15.8 | 16 |
| 5 | 0.8 | 4.1 | 4.2 | | 1.5 | 16.4 | 16.5 |
| | 0.5 | 4.5 | 4.5 | | 1 | 16.9 | 17 |

续表

| 螺纹直径 $D$ | 螺距 $P$ | 钻头直径 $d_0$ | | 螺纹直径 $D$ | 螺距 $P$ | 钻头直径 $d_0$ | |
|---|---|---|---|---|---|---|---|
| | | 铸铁、青铜、黄铜 | 钢、可锻铸铁、紫铜、层压板 | | | 铸铁、青铜、黄铜 | 钢、可锻铸铁、紫铜、层压板 |
| 6 | 1 | 4.9 | 5 | 20 | 2.5 | 17.3 | 17.5 |
| | 0.75 | 5.2 | 5.2 | | 2 | 17.8 | 18 |
| 8 | 1.25 | 6.6 | 6.7 | | 1.5 | 18.4 | 18.5 |
| | 1 | 6.9 | 7 | | 1 | 18.9 | 19 |
| | 0.75 | 7.1 | 7.2 | 22 | 2.5 | 19.3 | 19.5 |
| 10 | 1.5 | 8.4 | 8.5 | | 2 | 19.8 | 20 |
| | 1.25 | 8.6 | 8.7 | | 1.5 | 20.4 | 20.5 |
| | 1 | 8.9 | 9 | | 1 | 20.9 | 21 |
| | 0.75 | 9.1 | 9.2 | 24 | 3 | 20.7 | 21 |
| 12 | 1.75 | 10.1 | 10.2 | | 2 | 21.8 | 22 |
| | 1.5 | 10.4 | 10.5 | | 1.5 | 22.4 | 22.5 |
| | 1.25 | 10.6 | 10.7 | | 1 | 22.9 | 23 |
| | 1 | 10.9 | 11 | | | | |

②孔口倒角。钻孔后要用 60°锪孔钻在孔口倒角，其直径要大于螺纹的大径尺寸。

③在车床上攻螺纹的方法。首先调整尾座轴线与主轴轴线重合。机攻时，把攻螺纹工具安装在尾座锥孔内，同时把机用丝锥装进攻螺纹工具中，开动机床后摇动尾座手轮，当丝锥切入工件后，停止手轮转动，工件便会带动丝锥自动进给。加工到尺寸后，立即使主轴反转，丝锥便自动退出。

2. 套螺纹

套螺纹是用板牙在圆柱表面上加工出外螺纹的加工方法，分为手工套螺纹和机器套螺纹。单件小批生产时用手工套螺纹，批量生产时则用机器套螺纹。

（1）圆板牙。如图 2-53 所示，圆板牙大多用合金工具钢制成，板牙两端的锥角是切削部分，正反都可以使用。中间具有完整齿身的一段是校准部分，也是套螺纹的导向部分。

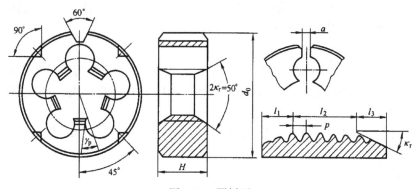

图 2-53　圆板牙

（2）套螺纹的方法

①套螺纹前圆杆直径的确定。计算套螺纹圆杆直径的近似公式为：

$$d_0 \approx d-（0.13\sim0.15）P \tag{2-5}$$

式中：$d_0$——圆杆直径，mm；

$d$—— 螺纹直径，mm；

$P$——螺距，mm。

采用板牙套螺纹时，圆杆直径也可从有关手册中查出。

②加工螺纹工件外圆。

③外圆加工后，工件表面必须倒角。倒角要小于或等于45°，倒角后端面必须小于螺纹小径，使板牙容易切入工件。

④在机床上套螺纹时，把套螺纹工具体的锥柄部分装在尾座套筒锥孔内，圆板牙装入滑动套筒内，使螺钉对准板牙上的锥坑后拧紧。开动机床，转动尾座手轮，使圆板牙靠近工件后切入工件，此时停止手轮转动，由滑动套筒在工具体内自动轴向进给。当板牙进到所需的距离时，立即停机，然后倒车使工件反转，退出板牙。

（二）螺纹的车削

车削螺纹是在车床上采用螺纹车刀加工螺纹的一种方法。通过变换刀具和机床进给，可加工出各种形状、尺寸以及不同精度的内外螺纹。车削螺纹的精度可达IT6，表面粗糙度 Ra 值可达 1.6μm。刀具结构简单，加工范围广，是螺纹加工的主要方法之一，主要适用于加工尺寸较大的螺纹。本任务主要分析普通三角螺纹车刀。

1. 三角螺纹车刀

螺纹车刀是一种截形简单的成型车刀，主要用高速钢和硬质合金材料制造，结构简单，制造容易，通用性强，可用来加工各种形状、尺寸及精度的内、外螺纹，特别适合加工大尺寸螺纹，其加工质量主要决定于操作工人的技术水平、车床精度和螺纹车刀本身的制造精度，仅适用于单件或小批量生产。三角螺纹车刀按螺纹牙型可分为普通三角形、英制三角螺纹、管螺纹；按结构分为整体式、焊接式和机械夹固式。

（1）普通三角螺纹车刀的几何参数

与普通车刀相比，螺纹车刀有两条主切削刃，即左、右侧切削刃。

①侧刃后角

侧刃后角是在刀刃正交平面内度量的角度，如图 2-54 所示。车螺纹时，受螺纹升角的影响，两侧工作后角变化很大，特别是加工大螺距的螺纹或多线螺纹时，更应考虑螺旋升角对其的影响。两侧刃磨后角一般取 3°～5°。

②背（径向）前角 $\gamma_p$

对普通螺纹车刀来说，就是刀尖圆弧刃顶点处的前角。螺纹车刀背前角为正值时，主要适用于车削强度、硬度不高的螺纹，如低碳钢或不锈钢。但是前角过大，刀刃强度削弱，容易扎刀或崩刃。

因此，背前角一般不超过15°。当背前角为负值时，适宜于车削高硬度材料，如淬火钢的螺纹。

③刀尖角 $\varepsilon_r$

当背前角为零时，其刀尖角等于被切螺纹的牙形角，并且刀尖角的等分线必须垂直于被切螺纹的轴线,车出的螺纹牙型正确;当背前角大于零时,切削刃不通过工件轴线,车出螺纹的牙形角与刀尖角不相等,且牙侧不是直线而是曲线。这种误差对精度不高的螺纹可忽略不计,但精度高的螺纹必须进行修正。

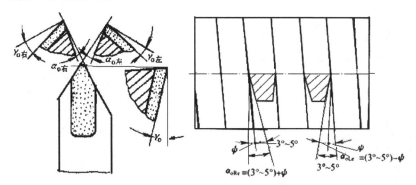

图 2-54 螺纹车刀左右侧后角及螺纹升角的影响

④顶刃宽度

三角形螺纹车刀的顶刃应磨成一定的刀尖圆弧。圆弧半径的大小视工件螺距大小而定,螺距大,刀尖圆弧半径也大,反之则小。

（2）常用的螺纹车刀（右旋螺纹）

①高速钢普通三角螺纹车刀

高速钢螺纹车刀如图 2-55 所示,刃磨比较方便,切削刃容易磨得锋利,而且韧性较好,刀尖不易崩裂。常用于车削塑性材料、大螺距螺纹和精密丝杠等工件。

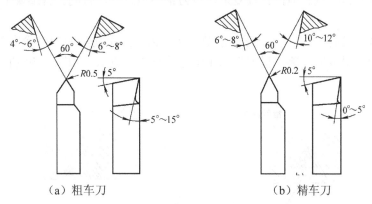

（a）粗车刀　　　　　　　　　（b）精车刀

图 2-55 高速钢螺纹车刀

②60°可转位螺纹车刀

如图 2-56 所示,其特点是:刀片采用立装式,用 YT15、T3K1605 改磨,提高了刀片承受冲击的能力;刀头尺寸小,可用来加工带台阶、空刀槽的螺纹;刀体结构简单,制造方便,采用弹性夹紧,适用于高速切削,$v_c = 78 \sim 102 \text{m/min}$。

2. 外螺纹的车削方法

（1）低速车普通外螺纹的进刀方法

①直进法

车削只用中滑板进给,螺纹车刀的左右切削刃同时参与切削的方法称为直进法,如图 2-57

所示。直进法操作简单，可以获得比较正确的螺纹牙型，常用于车削螺距 $P < 2.5$mm 和脆性材料的螺纹车削。直进法车螺纹是两切削刃同时切削。

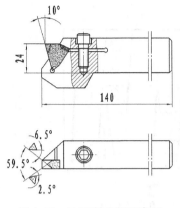

图 2-56 60°可转位螺纹车刀

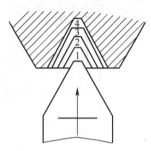

图 2-57 直进法

②左右切削法

车螺纹时，除了用中滑板控制径向进给外，同时使用小滑板将螺纹车刀向左、右做微量轴向移动（俗称"借刀"或"赶刀"），这种方法称左右切削法，如图 2-58 所示。左、右切削法常用于螺纹精车，为了使螺纹两侧面的表面粗糙度减小，先向一侧"借刀"，待这一侧表面达到要求后，再向另一侧"借刀"，并控制螺纹中径尺寸及表面粗糙度，最后将车刀移到牙槽中间，用直进法车牙底，以保证牙型清晰。左右切削法是单刃切削，车削中不易产生扎刀，且可获得较小的表面粗糙度。但操作较复杂，借刀量不能太大，否则会将螺纹车乱或牙顶车尖。

③斜进法

车削螺距较大的螺纹时，由于螺纹牙槽较深，为了粗车切削顺利，除采用中滑板横向进给外，同时还使小滑板向一侧"借刀"的车削方法称为斜进法，如图 2-59 所示。斜进法也是单刃切削。

图 2-58 左右切削

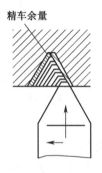

图 2-59 斜进法

（2）车削外螺纹前对工件的工艺要求

为保证车削的螺纹牙顶有 $0.125P$ 的宽度，螺纹车削的外圆直径应车至比螺纹公称直径小 $0.13P$。有退刀槽的螺纹，螺纹车削前应先切出退刀槽，槽底直径应小于螺纹小径，槽宽约等于 $(2\sim3)P$。车削脆性材料（如铸铁）时，螺纹车削前的外圆表面的表面粗糙度要小，以免车削螺纹时牙顶发生崩裂。

（3）车螺纹前车床的调整

中、小滑板间隙调整。车削螺纹时，中滑板、小滑板与镶条之间的间隙应适当。间隙过大，中滑板、小滑板太松，车削中容易产生"扎刀"现象；间隙过小，中滑板、小滑板操作不灵活。

开合螺母松紧调整。开合螺母松紧应该适度，过松，车削过程中容易跳起，使螺纹产生"乱牙"；过紧，开合螺母手柄提起、合下的操作不灵活，开合螺母开合示意图如图2-60所示。

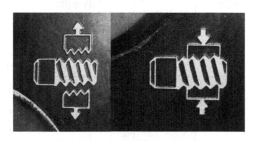

图2-60　开合螺母开合示意图

（4）低速车普通外螺纹操作方法

①采用提开合螺母法车削螺纹

当车床丝杠螺距是工件导程的整数倍时，螺纹车削可采用提开合螺母法。首先，选择较低的主轴转速97r/min左右，启动车床并移动螺纹车刀，使刀尖与工件外圆轻微接触，读出中滑板刻度读数（或将中滑板刻度盘调零），将床鞍向右移动退出工件端面。使中滑板径向进给约0.05mm，左手握中滑板手柄，右手握开合螺母手柄。右手压下开合螺母，使车刀刀尖在工件表面车出一条螺旋线痕，当车刀刀尖移动到退刀位置时，右手迅速提起开合螺母，然后横向退刀，停止车床。用钢直尺或游标卡尺检查螺距，确认螺距正确无误后，选择合理切削用量车削螺纹。经多次车，削使背吃刀量等于牙型深度后，再停止机床检查螺纹是否合格。

②倒顺车法车螺纹

螺纹的车削过程中不提起开合螺母，而是当螺纹车刀车削到退刀槽内时，快速退出中滑板，同时压下操纵杆，使车床主轴反转，使溜板箱回到起始位置。

（5）切削用量的选择

低速车削普通外螺纹时，应根据工件的材质、螺纹的牙型角、螺距的大小及所处的加工阶段（粗车或者精车）等因素，合理选择切削用量。

①由于螺纹车刀两切削刃夹角较小，散热条件差，所以切削速度比车削外圆时低。一般情况下，粗车时，切削转速约取n=97r/min；精车时，切削转速约取n=45r/min。

②螺纹车刀刚切入工件，选择较大些的背吃刀量，以后每次的背吃刀量应逐步减小。精车时，背吃刀量更小，排出的切屑很薄，以获得小的表面粗糙度值。

③车削螺纹必须要在一定的进给次数内完成。

表2-11列出了车削M24、M20、M16螺纹的最少进给次数，以供参考。

（6）中途换刀方法

车削螺纹过程中修磨或中途更换螺纹车刀螺纹时，需要重新装夹螺纹车刀，且需要重新对刀。方法是车刀装夹正确后，不切入工件，启动车床并合上开合螺母；当车刀纵向移动到已车螺纹处时，将操纵杆放到中间位置，待车床缓慢停稳后，移动小滑板和中滑板，使车刀刀尖对准已车出的螺旋槽；然后"晃车"（即将操纵杆轻提但不提到位，再迅速放回中间位置，使车床点动），观察车刀是否在螺旋槽内，反复调整，直到刀尖对准螺旋槽为止。此时，才能继续车削螺纹。

表2-11　低速车削普通螺纹进给次数（参考）

| 进给数 | M24　P=3mm | | | M20　P=2.5mm | | | M16　P=2mm | | |
|---|---|---|---|---|---|---|---|---|---|
| | 中滑板进刀格数 | 小滑板借刀（赶刀）格数 | | 中滑板进刀格数 | 小滑板借刀（赶刀）格数 | | 中滑板进刀格数 | 小滑板借刀（赶刀）格数 | |
| | | 左 | 右 | | 左 | 右 | | 左 | 右 |
| 1 | 11 | 0 | | 11 | 0 | | 10 | 0 | |
| 2 | 7 | 3 | | 7 | 3 | | 6 | 3 | |
| 3 | 5 | 3 | | 5 | 3 | | 4 | 2 | |
| 4 | 4 | 2 | | 3 | 2 | | 2 | 2 | |
| 5 | 3 | 2 | | 2 | 1 | | 1 | 1/2 | |
| 6 | 3 | 1 | | 1 | 1 | | 1 | 1/2 | |
| 7 | 2 | 1 | | 1 | 0 | | 1/4 | 1/2 | |
| 8 | 1 | 1/2 | | 1/2 | 1/2 | | 1/4 | | $2\frac{1}{2}$ |
| 9 | 1/2 | 1 | | 1/4 | 1/2 | | 1/2 | 1/2 | |
| 10 | 1/2 | 0 | | 1/4 | | 3 | 1/2 | 1/2 | |
| 11 | 1/4 | 1/2 | | 1/2 | | 0 | 1/4 | 1/2 | |
| 12 | 1/4 | 1/2 | | 1/2 | | 1/2 | 1/4 | | 0 |
| 13 | 1/2 | | 3 | 1/4 | | 1/2 | 螺纹深度=1.3mm，n=26格 | | |
| 14 | 1/2 | | 0 | 1/4 | | 0 | | | |
| 15 | 1/4 | | 1/2 | 螺纹深度=1.625mm，n=$32\frac{1}{2}$格 | | | | | |
| 16 | 1/4 | | 0 | | | | | | |
| | 螺纹深度=1.95mm，n=39格 | | | | | | | | |

**3. 普通外螺纹的检测**

（1）单项测量

单项测量是选择合适的量具来检测螺纹的某一单项参数，一般为检测螺纹大径、螺距和中径。

①大径检测。螺纹大径公差较大，一般可用游标卡尺检测。

②螺距检测。可用游标卡尺检测。为了能准确检测出螺距，一般应检测几个螺距的总长度，然后取其平均值。

③中径检测。普通外螺纹的中径一般用螺纹千分尺检测，如图2-61所示。螺纹千分尺的的结构和使用方法与一般外径千分尺相似，读数原理相同。只是它有两个可以调整的测量头

（上、下测量头）。检测时，两个与螺纹牙型角相同的测量头正好卡在螺纹的牙型面上，测得的千分尺读数值即为螺纹中径的实际尺寸。

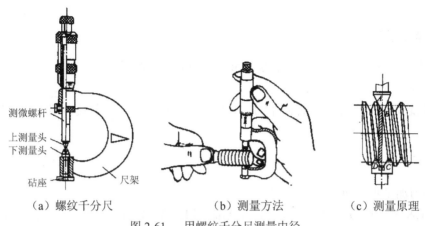

|（a）螺纹千分尺|（b）测量方法|（c）测量原理|

图 2-61　用螺纹千分尺测量中径

螺纹千分尺附有两套不同螺距的测头（牙型角分别为 60°和 55°），以适应各种不同的普通外螺纹中径的检测。

（2）综合测量

综合检验法是用螺纹量规对螺纹各部分尺寸（大径、中径、螺距等）同时进行综合性检测的一种检验方法。普通外螺纹使用螺纹环规进行综合检测。检测前，应先检查螺纹大径、牙型、螺距和表面粗糙度，然后再用螺纹环规检测。螺纹环规有通规 T 和止规 Z，在使用中要注意区分，不能搞错。如果通规难以拧入，应对螺纹的各直径尺寸、牙型角、牙型半角和螺距等进行检查，经修正后再用通规检验。当通规全部拧入，而止规不能入时，说明螺纹各部分尺寸符合要求。

**4. 车螺纹时的注意事项**

（1）车削螺纹前，应首先调整好床鞍和中滑板、小滑板的松紧程度及开合螺母间隙。

（2）调整进给箱手柄时，车床在低速下操作或停机用手拨动卡盘。

（3）车削螺纹时思想要集中。特别是初学者在开始练习时，主轴转速不宜过高，待操作熟练后，逐步提高主轴转速，最终达到能高速车削普通螺纹。

（4）车削螺纹时，应注意不可将中滑板手柄多摇一圈，否则会造成车刀刀尖崩刃或损坏工件。

（5）车削螺纹过程中，不准用手摸或用棉纱去擦螺纹，以免伤手。

（6）车削螺纹时，应始终保持螺纹车刀锋利。中途换刀或刃磨后重新装刀时，必须重新调整螺纹车刀刀尖的高低，再次对刀。

（7）出现积屑瘤时应及时清除。

（8）车削无退刀槽螺纹时，应保证每次收尾均在 1/2 圈左右，且每次退刀位置大致相同，否则容易损坏螺纹车刀刀尖。

（9）车削脆性材料螺纹时，背吃刀量不宜过大，否则会使螺纹牙尖爆裂，造成废品。低速精车螺纹时，最后几刀采取微量进给或无进给车削，以车光螺纹侧面。

## 一、准备工作

1. 毛坯：材料为 45 号钢，尺寸为 $\phi45mm \times 90mm$ 的圆棒料。

2. 设备：CDZ6140 型车床。

3. 工艺装备：螺纹车刀、外圆车刀、切槽刀、游标卡尺、千分尺、螺纹环规及常用工具等。

## 二、技能训练

螺纹轴的加工步骤如下：

1. 加工左端，作为后面车螺纹时装夹基准，如图 2-62（a）所示。

（1）夹毛坯，伸出 65mm 长，找正夹紧；

（2）车平端面；

（3）粗车、精车外圆至 $\phi43_{-0.039}^{0}$ mm，端面倒角 C1。

2. 加工右端，如图 2-62（b）所示。

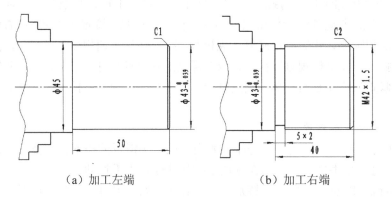

（a）加工左端　　　　　　　　（b）加工右端

图 2-62　主要工序图

（1）调头装夹 $\phi43_{-0.039}^{0}$ mm 外圆，该外圆伸出 60mm，找正夹紧。

（2）检查工件总长，确定端面车削余量。车端面，取总长 85mm 至图样要求。

（3）粗车、精车螺纹大径至 $\phi41.85mm$，端面倒角 C2。

（4）切槽 5mm×2mm，并控制 40mm 长度。

3. 粗车、精车 M42×1.5 螺纹至图样要求。方法与步骤如下：

（1）螺纹车刀的装夹

①螺纹车刀刀尖应与车床主轴轴线等高，一般可根据尾座顶尖高度调整和检查。

②螺纹车刀的刀尖角平分线应与工件轴线垂直，装刀时可用对刀样板调整，如图 2-63 所示。如果把车刀装歪，会使车出的螺纹两牙型半角不相等，产生歪斜牙型（俗称"倒牙"），如图 2-64 所示。

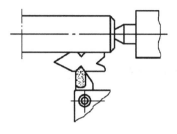

图 2-63 用螺纹对刀样板装刀

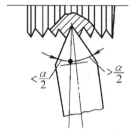

图 2-64 车刀装歪造成牙型歪斜

③螺纹车刀不宜伸出刀架过长。一般伸出长度为刀柄厚度的 1.5 倍，约 25～30mm。

（2）车 1.5mm 螺距螺纹时车床的调整

①挂轮的搭配。根据米制螺纹要求，查看挂轮箱齿轮，按照 A=63、B=100、C=75 搭配。

②手柄位置的调整。按工件被加工螺纹的螺距，在车床进给箱的铭牌上查找到相应手柄的位置参数，把手柄拨到所需的位置上。

（3）选择切削用量。粗车时，切削转速取 n=97r/min；精车时，切削转速取 n=45r/min。

（4）选择操作方法。对于初次学习车螺纹者，为提高车各种螺纹的熟练程度，选择倒顺车法车螺纹。

（5）选择进刀方法。车削螺距 P<2.5mm 的螺纹选择直进法。

（6）车螺纹

①一般情况，用车刀在工件上的螺纹终止处刻一条微可见线，以此作为车螺纹时的退刀标记。本任务以 5mm×2mm 沟槽为螺纹切削时的退刀槽。

②确定车螺纹的背吃刀量的起始位置，将中滑板刻度调至零位。启动车床，使刀尖轻微接触工件表面，然后迅速将中滑板刻度调整到零位，以便进刀计数。此步骤一般可以在刻螺纹终止线时同时完成。

③试切第一条螺旋线并检查螺距。将床鞍摇至离工件端面 8～10 牙处，退刀槽横向进给约 0.05mm。启动车床，合上开合螺母，在工件表面车出一条螺旋线，退出车刀（螺纹收尾在 2/3 圈内）。提起开合螺母，用钢直尺或螺距规检查螺距是否正确。

④总背吃刀量 $a_p$ 与螺距的关系为：$a_p \approx 0.65P$。中滑板转过的格数 $n$ 为：$n=0.65P/$中滑板每格毫米数。

⑤切削过程中，螺纹车刀要进行对刀。车刀不切入工件，只在螺纹外径表面上对刀。刀对好后，将中滑板刻度重新对准零位；然后按下开合螺母；启动车床，待车床移到工件表面，立即停机。移动中滑板、小滑板，使车刀刀尖对准已车出的螺旋槽。再启动车床，观察车刀刀尖是否仍在槽内，直至对准后再重新开始车削螺纹。

⑥车削过程中要注意检查牙型。牙型精度可以用螺距规检查。把与工件相同的螺距规的齿尖放入工件的牙槽中，透光目测，工件牙型相对于螺距规的牙型不歪斜，两侧面间隙相等，说明牙型合格。

（7）选择检测方法。采用综合检验法对螺纹各部分尺寸进行综合性检测，可以运用螺纹环规进行检验。

### 三、注意事项

1. 严格遵守车间安全操作规程。
2. 必须按规定操作步骤和要求进行练习，禁止进行与训练内容无关的其他操作。
3. 练习完毕，正确放置工具、夹具、量具及工件。
4. 擦拭机床，清理工作场地。

### 四、检查评价，填写实训日志

| 检查评价单（普通外螺纹） | | | | | | | |
|---|---|---|---|---|---|---|---|
| 序号 | 考核项目 | 考核内容及要求 | 配分 | 评分标准 | 成绩 | | |
| | | | | | 学生自检 | 小组互检 | 教师终检 |
| 1 | 外圆尺寸及其表面粗糙度 | $\phi 43^{0}_{-0.039}$ mm | 15 | 超差不得分 | | | |
| 2 | | Ra3.2μm | 3 | 超差不得分 | | | |
| 3 | 长度尺寸 | 40mm | 6 | 超差不得分 | | | |
| 4 | | 85 | 6 | 超差不得分 | | | |
| 5 | 外沟槽 | 5mm×2mm | 6 | 超差不得分（每一项4分） | | | |
| 6 | 普通外螺纹及其表面粗糙度 | M42 | 40 | 超差不得分（环规检测） | | | |
| 7 | | Ra1.6μm | 5 | 超差不得分 | | | |
| | 倒角 | C1 | 2 | 不符合要求不得分 | | | |
| | | C2 | 2 | 不符合要求不得分 | | | |
| 8 | 外观 | 表面光洁，无毛刺，无损伤，无畸形 | 10 | 毛刺、损伤、畸形等扣1～5分，严重畸形扣10分 | | | |
| 9 | 安全文明生产 | 操作姿势正确，动作规范；符合车工安全操作规程 | 5 | 不符合要求，酌情扣1～5分 | | | |
| 10 | 时间定额 | 200min | | 每超30 min扣5分 | | | |
| 合计 | | | | | | | |
| 教师总评意见： | | | | | | | |
| 问题及改进方法： | | | | | | | |

 问题思考

**一、填空题**

1．螺纹按牙型特征可分为三角形、_____、_____、_____和锯齿形螺纹；按螺旋线的旋向可分为_____螺纹和_____螺纹。

2．普通螺纹分粗牙螺纹和细牙螺纹两种。粗牙普通螺纹代号用字母_____及_____表示，细牙普通螺纹代号用字母_____及_____表示。

3．M20×1.5 表示_____。

4．车削螺纹是螺纹加工的主要方法之一，主要适用于加工尺寸_____的螺纹。

5．螺纹车刀按切削部分的材料分_____螺纹车刀和_____螺纹车刀。

6．低速车普通外螺纹的进刀方法主要有_____、_____和_____。

7．低速车削普通外螺纹的操作方法有_____和_____。

8．螺纹的测量方法有_____测量法和_____测量法。

**二、选择题**

1．套外螺纹前，工件的外圆直径应（　　）螺纹的公称直径。
　　A．略大于　　　　B．略小于　　　　C．等于

2．螺纹车刀刃磨不正确，可能会造成（　　）。
　　A．牙型不正确　　B．螺距不正确　　C．乱牙

3．用丝锥攻 M10×1 的螺纹，工件为塑性材料，攻螺纹前的孔径应为（　　）。
　　A．9　　　　　　　B．9.85　　　　　　C．10.05

4．车削强度、硬度不高的螺纹（如低碳钢或不锈钢）时，螺纹车刀的背前角一般选（　　）。
　　A．正值　　　　　B．负值　　　　　　C．零

**三、简答题**

1．简述螺纹的种类有哪些。

2．常用的螺纹牙型有哪几种？

3．简述螺纹牙型角、螺距、中径、螺纹升角的定义。

4．常用的螺纹车刀有哪些？

5．车削三角螺纹有哪几种进刀方式法？各有哪些优缺点？适用什么场合？

6．车削螺纹时应注意哪些事项？

7．普通外螺纹一般采用哪些检测方法？

拓展练习

1．车削 M30 的内螺纹，工件材料为铸铁，求车螺纹前的孔径尺寸。

2．练习螺纹的车削加工，熟练螺纹车刀的安装及车螺纹时车床的调整方法。

# 任务 6　综合训练项目

【知识要求】

1. 掌握车削加工的相关基础知识。
2. 掌握各种型面的车削加工方法。

【技能要求】

1. 能够合理选择刀具、夹具等工艺装备，确定合理的切削用量。
2. 能够制定零件的加工工艺，进行综合零件加工。
3. 学会查阅资料和自我学习，能灵活运用理论知识，解决实际问题。

本任务主要通过综合项目的练习，使操作者进一步掌握刀具的选择、安装，切削用量的确定及各种型面的车削加工方法和步骤，完成零件的加工和质量分析。如图 2-65 所示的螺纹轴，其主要加工表面有外圆、内孔、槽和三角螺纹，可采用三爪卡盘装夹加工全部尺寸。

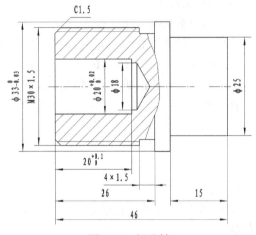

图 2-65　螺纹轴

**一、准备工作**

1. 毛坯：材料为 45 号钢，尺寸为 $\phi 35 \times 50$ mm。
2. 设备：CDZ6140 型车床。

3．工艺装备：三爪自定心卡盘、90°硬质合金车刀、切槽刀、螺纹刀等。

4．量具：0.02mm/(0～150)mm 的游标卡尺、螺纹环规、25～50mm 的千分尺、内径百分表或塞规。

### 二、技能训练

根据零件的主要加工表面，选择主要切削刀具：90°硬质合金外圆车刀，粗精车外圆；4mm 切槽刀，车削螺纹空刀槽；60°三角螺纹车刀，车削 M30×1.5mm 三角螺纹；90°内孔车刀，粗精车内孔。

本零件两端都要加工，加工完一端后，调头再加工另一端，加工步骤如下：

1．三爪卡盘夹持工件左端，伸出长度 25mm 左右，车削零件右端。

（1）齐端面；

（2）粗车外圆$\phi$33mm，留 1mm 余量，长度 10mm；

（3）精车外圆$\phi$33mm 至尺寸，长度 10mm；

（4）车外圆$\phi$25mm 至尺寸，长度 15mm。

2．调头，三爪卡盘夹持工件右端，车削零件左端。

（1）齐端面；

（2）钻$\phi$18mm 的孔；

（3）粗精车零件$\phi$30mm 外圆至尺寸；

（4）C1.5 倒角至尺寸要求；

（5）切 4×1.5mm 外槽至尺寸；

（6）粗精车零件 M30×1.5 外螺纹至尺寸；

（7）粗精车$\phi$20mm 的内孔至尺寸。

3．去毛刺。

4．零件检测，质量分析。

### 三、注意事项

1．严格遵守车间安全操作规程。

2．必须按规定操作步骤和要求进行练习，禁止进行与训练内容无关的其他操作。

3．练习完毕，正确放置工具、夹具、量具及工件。

4．擦拭机床，清理工作场地。

### 四、检查评价，填写实训日志

| 检查评价单（螺纹轴） | | | | | | | |
|---|---|---|---|---|---|---|---|
| 序号 | 考核项目 | 考核内容及要求 | 配分 | 评分标准 | 成　绩 | | |
| | | | | | 学生自检 | 小组互检 | 教师终检 |
| 1 | 外圆尺寸及其表面粗糙度 | $\phi33_{-0.03}^{0}$ mm | 15 | 超差不得分 | | | |
| 2 | | Ra3.2μm | 3 | 超差不得分 | | | |

续表

| 序号 | 考核项目 | 考核内容及要求 | 配分 | 评分标准 | 成绩 | | |
|---|---|---|---|---|---|---|---|
| | | | | | 学生自检 | 小组互检 | 教师终检 |
| 3 | 长度尺寸 | $20_{0}^{+0.1}$ mm | 6 | 超差不得分 | | | |
| 4 | | 26、15、46 | 6 | 超差不得分 | | | |
| 5 | 外沟槽 | 4×1.5mm | 3 | 超差不得分（每一项4分） | | | |
| 6 | 普通外螺纹及其表面粗糙度 | M30 | 40 | 超差不得分（环规检测） | | | |
| 7 | | Ra1.6μm | 5 | 超差不得分 | | | |
| 8 | 倒角 | C1.5 | 2 | 不符合要求不得分 | | | |
| 9 | 外观 | 表面光洁，无毛刺，无损伤，无畸形 | 10 | 毛刺、损伤、畸形等扣1~5分，严重畸形扣10分 | | | |
| 10 | 安全文明生产 | 操作姿势正确，动作规范；符合车工安全操作规程 | 10 | 不符合要求，酌情扣1~5分 | | | |
| 11 | 时间 | 200min | | 每超30 min扣5分 | | | |
| 合计 | | | | | | | |
| 教师总评意见： | | | | | | | |
| 问题及改进方法： | | | | | | | |

注：时间定额。

对如图 2-66 和图 2-67 所示的零件编写加工工艺，完成零件加工，强化操作技能。

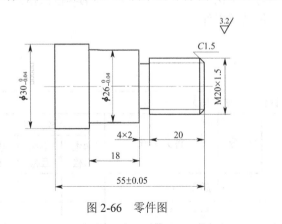

图 2-66　零件图

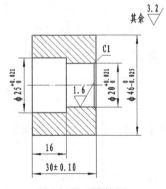

图 2-67　零件图

# 项目三　刨削加工

## 任务1　牛头刨床的基本操作

### 【知识要求】

1. 了解刨削加工的切削运动、工艺特点和应用范围。
2. 了解常用的刨削加工设备。
3. 掌握牛头刨床的主要部件及功用。

### 【技能要求】

能够熟练掌握牛头刨床的基本操作方法及注意事项。

本任务主要介绍刨削加工的切削运动、工艺特点和应用范围，认识牛头刨床的结构、功用，使操作者能够熟练掌握牛头刨床的基本操作技能。

### 一、刨削概述

在刨床上用刨刀加工工件叫做刨削。刨床主要用来加工水平面、垂直面、斜面、台阶面、直槽、T型槽、V型槽、燕尾槽及一些成型表面，如图3-1所示。

刨削时，刨刀（或工件）的直线往复运动为主运动，工作台的横向运动和刨刀的垂直（或斜向）移动为进给运动。

刨削时由于主运动是直线往复运动，返回行程为空行程，刀具切入和切离工件时有冲击负载，因而限制了切削速度的提高，所以在多数情况下生产率较低。只有在加工狭长的平面时，有较高的生产率。同时由于刨削刀具简单，加工调整灵活方便，故在单件、小批生产及修配工作中得到了较广泛应用。

刨削加工的精度一般为IT9～IT8，表面粗糙度Ra值为6.3～1.6μm。

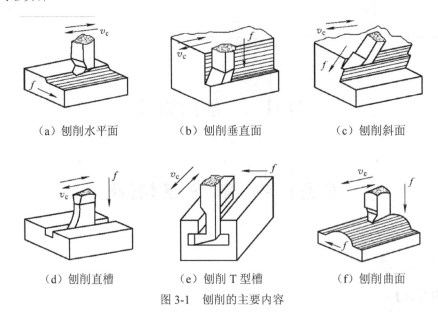

（a）刨削水平面　　　（b）刨削垂直面　　　（c）刨削斜面

（d）刨削直槽　　　（e）刨削 T 型槽　　　（f）刨削曲面

图 3-1　刨削的主要内容

## 二、牛头刨床

牛头刨床是刨削类机床中应用较广的一种，它适合刨削长度不超过 1000mm 的中、小型零件。

### 1. 牛头刨床的型号及主要部件

如图 3-2 所示为 B6065 型牛头刨床外形图，其型号意义如下：

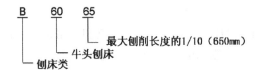

B　60　65

最大刨削长度的1/10（650mm）

牛头刨床

刨床类

1-床身；2-滑枕；3-刀架；4-工作台；5-横梁

图 3-2　B6065 型牛头刨床

B6065 牛头刨床的主要组成部件及作用如下：

（1）床身。床身 1 用于支承和连接刨床的各部件，顶部和前侧面分别有水平导轨和垂直导轨。滑枕 2 可沿水平导轨作直线往复移动；横梁 5 连同工作台 4 可沿垂直导轨实现升降。床身内部装有变速机构和驱动滑枕摆动的导杆机构。

（2）滑枕。滑枕是长条形的空心铸件，下部有燕尾导轨与床身的水平导轨配合，滑枕 2 前端有 T 型环槽，用来安装刀架 3，并带动刀架 3 上的刨刀作直线往复运动（即主运动），其内部装有丝杆、滑动螺母和一对伞齿轮，用来调整滑枕的起始位置。

（3）刀架。用来装夹刨刀和实现刨刀沿所需方向的移动。刀架与滑枕连接部位有转盘，可使刨刀按需要偏转一定角度。转盘上有导轨，摇动刀架手柄，滑板连同刀座沿导轨移动，可实现刨刀的间歇进给或调整背吃刀量。刀架上的抬刀板在刨刀回程时抬起，以防止擦伤工件和减小刀具的磨损。刀架的结构如图 3-3 所示。

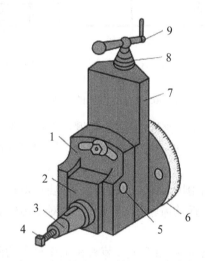

1-刀座；2-抬刀板；3-刀夹；4-紧固螺钉；5-轴；6-刻度转盘；7-滑板；8-刻度环；9-手柄

图 3-3　牛头刨床的刀架

（4）工作台。工作台 4 顶面有 T 型槽，用于安装工件，可沿横梁横向移动和与横梁一起沿床身垂直导轨升降，以调整工件位置。

2. 牛头刨床的运动

牛头刨床的运动示意图如图 3-4 所示。

（1）主运动。主运动为刀架（滑枕）的直线往复运动。电动机的回转运动经带传动机构传递到床身内的变速机构，然后由导杆机构将回转运动转换成滑枕的往复直线运动。

（2）进给运动。进给运动包括工作台的横向移动和刨刀的垂直（或斜向）移动。

3. 牛头刨床的典型机构

B6065 型牛头刨床的传动系统如图 3-5 所示。

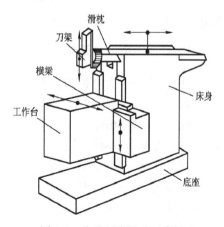

图 3-4　牛头刨床运动示意图

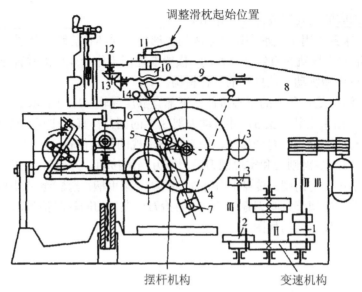

调整滑枕起始位置

摆杆机构　　　　　变速机构

1、2-滑动齿轮组；3、4-齿轮；5-偏心滑块；6-摆杆；7-下支点；8-滑枕；9-丝杠；10-丝杠螺母；
11-手柄；12-轴；13、14-锥齿轮

图 3-5　B6065 型牛头刨床的主传动系统

（1）变速机构。变速机构可改变滑枕的运动速度，以适应不同尺寸、不同材料和不同技术条件零件的加工要求。通过 1、2 两组滑动齿轮配合，轴Ⅲ可获得 6 种不同的转速，从而使滑枕变速。

（2）摆杆机构。摆杆机构是刨床上的主要机构，主要把电动机的转动变成滑枕的往复直线运动。主要由摆杆 6、滑块 5、摆动齿轮 4、丝杠 9、一对伞齿轮和滑块 5 中间的曲柄销等零件组成。

（3）行程位置调整机构。根据被加工工件装夹在工作台上的前后位置，滑枕的起始位置也要作相应调整。

（4）滑枕行程长度调整机构。被加工工件的结构尺寸不同，滑枕行程长度也要进行调整。

（5）横向进给机构。横向进给机构可改变间歇进给的方向和进给量，或是停止机动进给，改用手动进给，主要通过改变棘爪架每摆动一次棘爪拨动棘轮齿数的办法来实现。

### 三、其他刨削设备简介

龙门刨床属于大型机床，主运动是工作台沿床身水平导轨所做的直线往复运动，进给运动是刀架的横向或垂直方向的直线运动。

龙门刨床主要由床身、工作台、横梁、垂直刀架、立柱、侧刀架和进给箱等组成，如图 3-6 所示。床身 1 的两侧固定有立柱 6，两立柱由横梁 3 连接，形成结构刚性较好的龙门框架。横梁装有两个垂直刀架 4，可分别做横向和垂直方向进给运动及快速调整移动。横梁 3 可沿立柱 6 做升降运动，用来调整垂直刀架的位置，适应不同高度的工件加工。横梁升降位置确定后，由夹紧机构夹紧在两个立柱上。左右两立柱分别装有侧刀架 9，可分别沿垂直方向做自动进给和快速调整移动，以加工侧平面。

龙门刨床的刚性好，功率大，主要用来刨削大型工件，特别适合于刨削各种水平面、垂直面

以及各种平面组合的导轨面，也可在工作台上装夹多个中、小型零件，用几把刨刀同时加工。

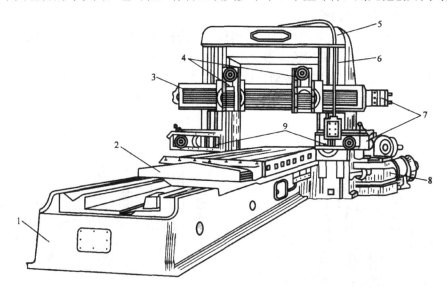

1-床身；2-工件台；3-横梁；4-垂直刀架；5-顶梁；6-立柱；7-进给箱；8-减速箱；9-侧刀架

图 3-6 龙门刨床

任务实施

### 一、准备工作

1．B6065 型牛头刨床。
2．调整操作牛头刨床所需的工具、辅具准备。

### 二、技能训练

1．认识机床，熟悉机床各操纵手柄
（1）熟悉电源开关和机床各操纵手柄的位置。
（2）熟悉工作台各紧固螺钉和调速手柄的位置。
（3）熟悉机床各润滑点位置。
2．行程速度的变换练习
根据工件尺寸、材质不同，确定不同的切削速度。变换变速手柄的位置，调整滑枕高速和低速运动，并注意切削行程慢、返回行程快的调整特点，重复练习至熟练掌握。
3．滑枕的启动和停止练习
操作过程中，应注意检查滑枕运动时刀架是否碰到工件。
4．滑枕行程的调整练习
（1）滑枕行程的调整
滑枕行程一般要比工件长度长 30～40mm，刨刀切入的空刀长度一般为 20～25mm，切出的超程长度一般为 10～15mm。操作时，需对滑枕的行程长度、行程位置进行交替调整，直到满足上述要求为止。

（2）滑枕行程长度的调整

如图 3-7 所示为牛头刨床的摆杆机构，调整时，先松开行程调节轴 3 上的锁紧螺母 4，用摇把转动行程调节轴 3，通过锥齿轮 5 带动小丝杠 7 转动，使调节滑块 2 移动，改变偏心位置，从而改变滑枕的行程长度。逆时针转动行程调节轴 3，行程增长，顺时针转动行程调节轴 3，行程缩短。经过反复调整，行程长度合适后，将行程调节轴 3 上的螺母 4 锁紧。

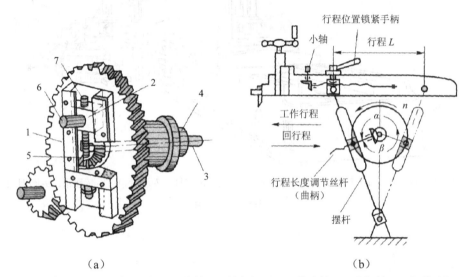

（a）　　　　　　　　　　　　（b）

1-大齿轮；2-调节滑块；3-行程调节轴；4-锁紧螺母；5-锥齿轮；6-曲柄轴；7-调节丝杠

图 3-7　牛头刨床的摆杆机构

（3）滑枕行程位置的调整

如图 3-8 所示，调整时，松开滑枕固定手柄 2，将手柄装于滑枕位置调整轴 1 上，顺时针转动手柄，则滑枕行程位置后移；逆时针转动手柄，则滑枕行程位置前移。根据工作台上工件的位置，调整好滑枕行程的位置，然后拧紧滑枕固定手柄。

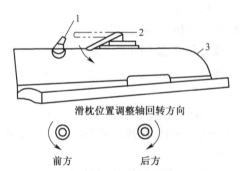

1-滑枕位置调整轴；2-滑枕固定手柄；3-滑枕

图 3-8　滑枕行程位置的调整

5. 工作台横向进给的操纵方法练习

（1）手动进给操作时，将棘爪 3 提起，使其处于中间位置，使棘爪和棘轮脱离，如图 3-9

（a）所示，顺时针转动横向进给手柄，则工作台移于身前；反方向转动，则工作台移向相反方向。

（2）机动进给操作时，启动滑枕，调整棘爪至图 3-9（b）所示位置，旋转进给量旋钮，调整进给量大小，实现机动进给。

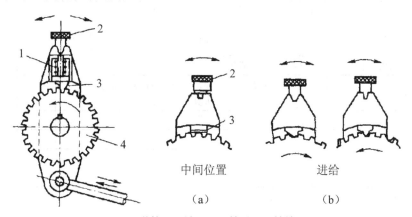

1-弹簧；2-销子；3-棘爪；4-棘轮

图 3-9　工作台横向进给操纵手柄

6. 工作台高低位置的调整

将工作台尽量移于横向导轨的中央部位，按顺序依次松开柱侧锁紧螺母、前托架锁紧螺母、自动进给调整连接杆的锁紧螺母。将手柄装于横向导轨上下移动轴，转动手柄，调整工件和刀架的间隔，按松开锁紧螺母时的相反顺序进行紧固，锁紧连接杆的螺母，使棘爪位于与移动前相同的位置，将工作台横向进给，检查其滑动情况。

### 三、注意事项

1. 严格遵守车间安全操作规程。

2. 必须按规定操作步骤和要求进行练习，禁止进行与训练内容无关的其他操作。

3. 练习完毕，使工作台在各进给方向处于中间位置，各手柄恢复原来位置，关闭机床电源开关。

4. 擦拭机床，清理工作场地。

### 四、检查评价，填写实训日志

| 检查评价单 | | | | | | |
|---|---|---|---|---|---|---|
| 序号 | 考核项目 | 考核要求及评分标准 | 分值 | 成绩 | | |
| | | | | 学生自检 | 小组互检 | 教师终检 |
| 1 | 熟悉牛头刨床各操纵手柄位置 | 按熟练程度酌情扣分 | 10 | | | |
| 2 | 行程速度的变化练习 | 按熟练程度酌情扣分 | 10 | | | |
| 3 | 滑枕的启动停止练习 | 按熟练程度酌情扣分 | 10 | | | |

续表

| 序号 | 考核项目 | 考核要求及评分标准 | 分值 | 成绩 | | |
|---|---|---|---|---|---|---|
| | | | | 学生自检 | 小组互检 | 教师终检 |
| 4 | 滑枕行程的调整 | 行程长度、位置调整正确，不正确则不得分 | | | | |
| 5 | 工作台横向进给的操纵练习 | 操作正确熟练，示熟练程度酌情扣分 | 10 | | | |
| 6 | 工作台位置的调整 | 按熟练程度酌情扣分 | | | | |
| 7 | 安全文明生产 | 严格遵守安全操作规程，按要求着装；操作规范，无操作失误；认真操作，维护车床 | 10 | | | |
| 8 | 团队协作 | 小组成员和谐相处，互帮互学 | 30 | | | |
| 合计 | | | | | | |
| 教师总评意见： | | | | | | |
| 问题及改进方法： | | | | | | |

## 问题思考

### 一、填空题

1. 刨床分为_____和_____两大类。牛头刨床刨削时，_____的直线往复运动是主运动，_____的横向间隙移动是进给运动。

2. 牛头刨床主要由床身、_____、_____、_____等主要部件构成。

3. _____机构主要将电动机的回转运动变成滑枕的往复直线运动。

4. 牛头刨床由于主运动是直线往复运动，故刀具切入和切离工件时有_____，所以限制了切削速度的提高，生产率较低。

### 二、选择题

1. 刨削的主要工艺特点是（　　）。

　　A．刀具结构简单　　　　　　　B．切削时有冲击

　　C．生产率高　　　　　　　　　D．加工精度低

2. 牛头刨床的曲柄摇杆机构用于（　　）。

　　A．调整主运动的速度　　　　　B．调整滑枕的行程

　　C．调整进给量　　　　　　　　D．安全保护

### 三、简答题

1. 刨削的切削运动有哪些？牛头刨床和龙门刨床的主运动一样吗？

2. 牛头刨床由哪些主要部件组成？这些部件各起什么作用？

3. 简述刨削加工的工艺特点。

4. 简述牛头刨床典型机构的调整方法。

**拓展练习**

1. 练习牛头刨床的基本操作方法。
2. 练习牛头刨床的传动系统及机构的调整方法。

# 任务2 刨刀和工件的安装

**学习目标**

**【知识要求】**
了解刨刀的结构、种类和工件的安装方法。

**【技能要求】**
掌握安装刨刀和工件的正确操作方法。

**任务描述**

本任务主要介绍常用刨刀的结构、种类及工件的安装方法，使操作者熟练掌握刨刀和工件在机床上的正确安装方法的操作技能。

**相关知识**

**一、刨刀的结构**

刨刀属于单刃刀具，由于刨削为断续切削，在每次切入工件时，刨刀须承受较大的冲击力，所以刨刀的刀杆截面比较大，以增加刀杆刚性和防止折断。

刨刀有直杆和弯杆两种形式。如图 3-10 所示，当刀杆做成直杆形式时，刀杆受力变形后，刀尖会进入工件加工表面，形成扎刀，影响已加工表面的精度和表面质量，一般常用于粗加工。

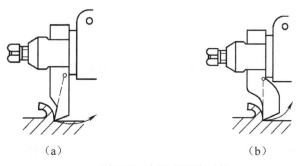

（a）　　　　　　　　　　（b）

图 3-10　刨刀的基本结构

弯杆形式刨刀如图 3-10（b）所示，当受到切削变形时，刀头部分可以向后上方弹起，使刀尖与工件加工表面脱离，不会扎到工件的表面，破坏加工表面粗糙度，防止扎刀现象的发生，一般常用于精加工。

## 二、刨刀的种类

由于刨削加工的形式和内容不同，常用的刨刀种类有平面刨刀、宽刃刀、切槽刀、弯切刀、角度偏刀、内孔刨刀和样板刀等，如图 3-11 所示。

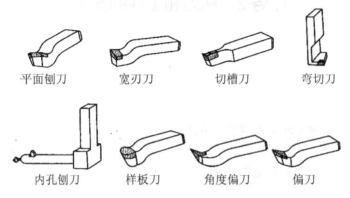

|平面刨刀|宽刃刀|切槽刀|弯切刀|
|内孔刨刀|样板刀|角度偏刀|偏刀|

图 3-11　常用刨刀的种类

平面刨刀：主要用于刨削水平面。

切槽刀：主要用于加工直角槽或切断工件。

弯切刀：主要用于加工 T 型槽和侧面沉割槽。

内孔刨刀：主要用于加工孔内表面，如孔内键槽。

样板刀：主要用于加工特殊形状的表面。

角度偏刀：主要用于加工互成角度的内斜面。

偏刀：主要用来加工垂直面、台阶面或斜面。

宽刃刀：主要用于平面的超精加工，例如机床导轨面，即可用宽刃细刨代替刮削或磨削，以提高生产效率。

任务实施

## 一、准备工作

1．B6065 型刨床、机床用平口虎钳。

2．平面刨刀、偏刀、切槽刀、弯切刀、角度偏刀、样板刀及工件。

## 二、技能训练

（一）刨刀的安装和拆卸

操作步骤如图 3-12 所示。松开刨刀刀架的紧固螺母，将刨刀装夹在刀夹的槽孔内，用左手握住刨刀柄端，使刀柄垂直于工作台，用右手上紧固螺母。拆卸刨刀时，用右手松开紧固螺母，左手握住刨刀的刀口部，将其从刀架上拔出。

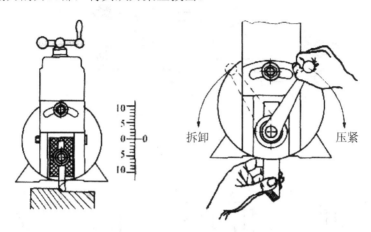

图 3-12　平面刨刀的安装与拆卸

● **特别提示**

刨刀装夹时要做到以下几点:

（1）刨刀安装位置要正确。

（2）刀头伸出长度应尽可能短，一般直头刨刀不大于刀杆厚度的 1.5 倍，弯头刨刀可适当伸出长些，一般以弯曲部分不碰抬刀板为宜，以防产生振动和冲击。

（3）刨刀夹紧必须牢固。

（二）工件的安装

加工前，应根据工件的形状、尺寸大小来决定在机床上的安装方法。中、小型工件可在固定在工作台上的机床用平口虎钳装夹;较大尺寸的工件可直接安装在工作台上;大型工件应在龙门刨床上装夹加工，这样有利于合理使用机床和保证工件的加工精度。

1. **机床用平口虎钳装夹工件**

平口虎钳是一种通用夹具，一般用来装夹中、小型工件。应用时，将其固定在刨床的工作台上，然后再装夹工件。常用的装夹方法如图 3-13 所示。

（1）按划线找正定位，如图 3-13（a）所示。装夹前先在工件上划好加工线，针对加工线进行找正，常用于工件的初次加工。

（2）用平行垫铁找正定位，如图 3-13（b）所示。刨削一般平面时，以工件平整的表面贴紧在平行垫铁和钳口上，从而对工件进行定位。操作时，可边夹紧边敲击工件的上表面，夹紧后将工件敲实，要求用手挪动平行垫铁时不应有松动现象。敲实后，不可再去加力夹紧工件，否则工件与平行垫铁之间又会出现空隙。

（3）用圆柱棒与固定钳口定位，如图 3-13（c）所示。装夹时，在活动钳口中部与工件之间垫进一根圆柱棒，可使工件的一表面紧贴在固定钳口上，用该方法装夹工件，刨削后可保证工件的 A、B 表面之间的垂直度要求。与平行垫铁找正定位法不同的是，敲实后，还应再加力夹紧工件，以保证工件贴紧在固定钳口上。

（4）用斜口撑板定位，如图 3-13（d）所示。装夹时，在活动钳口与工件间垫进一对斜口撑板，当工件 C、D 面间有平行度要求时，常采用此方法定位。

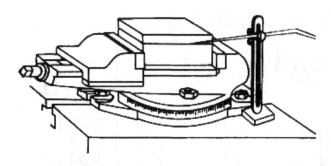

（a）用划线找正定位

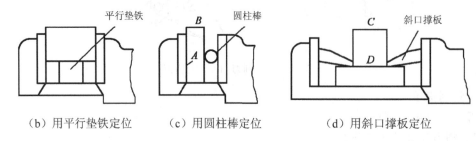

（b）用平行垫铁定位　　　（c）用圆柱棒定位　　　（d）用斜口撑板定位

图 3-13　机用平口虎钳安装工件

● **特别提示**

（1）工件的被加工表面应高出钳口，工件太低时，可用平行垫铁将其垫高。

（2）光洁的上平面应用铜棒进行敲击，防止敲伤光洁表面。

（3）为了避免损坏钳口和保护工件已加工表面，夹紧工件时应在钳口处垫上铜皮或铝皮。

（4）工件刚性差时，应支撑牢固，以免夹紧力过大，使工件发生变形。

2. 用压板、螺栓装夹工件

对于较大的工件或形状特殊的工件，可用压板、螺栓直接将其装夹在刨床的工作台上，如图 3-14 所示。

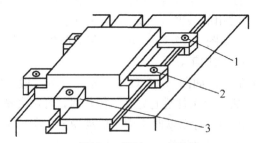

1-压板；2-螺栓；3-挡块

图 2-14　用压板、螺栓装夹工件

● **特别提示**

（1）紧固时，应按对角顺序分次逐渐拧紧螺母，以免工件产生变形。

（2）为防止工件在刨削时被推动，须在工件前端加放挡块。

（3）为保证夹紧牢固，压板应略高于工件，不能过高、过低或倾斜放置。

（4）压板和工件已加工表面之间应垫铜皮或铝皮，以防止压伤已加工表面。

（5）装夹薄壁工件时，应在其空心位置加设支撑，避免切削力影响产生振动或变形。

（6）工件夹紧后，应复查工件安装位置是否正确，避免夹紧力影响使工件变形或移动。

**3. 用专用夹具装夹工件**

用专用夹具装夹工件时不需要对工件进行找正，装夹迅速、准确，定位精度由夹具的制造精度保证，一般常用于批量生产。

### 三、注意事项

1. 严格遵守车间安全操作规程。

2. 必须按规定操作步骤和要求进行练习，禁止进行与训练内容无关的其他操作。

3. 练习完毕，关闭机床电源开关；正确放置工具、夹具、刃具及工件。

4. 擦拭机床设备，清理工作场地。

### 四、检查评价，填写实训日志

| 检查评价单 | | | | | | | |
|---|---|---|---|---|---|---|---|
| 序号 | 考核项目 | | 考核要求及评分标准 | 分值 | 成绩 | | |
| | | | | | 学生自检 | 小组互检 | 教师终检 |
| 1 | 刨刀的刃磨 | 刀面 | 刀面不光滑平整扣2分 | 10 | | | |
| | | 切削刃 | 不直、崩刃各扣2分 | 10 | | | |
| | | 切削角度 | 切削角度不合格扣2分 | 10 | | | |
| 2 | 刨刀的安装 | | 按操作步骤酌情扣分 | 30 | | | |
| 3 | 工件的安装（练习平口钳、压板螺栓） | | 按操作步骤酌情扣分 | 30 | | | |
| 4 | 安全文明生产 | | 严格遵守安全操作规程，按要求着装；操作规范，无操作失误；认真操作，维护车床 | 10 | | | |
| 5 | 团队协作 | | 小组成员和谐相处，互帮互学 | 10 | | | |
| 合计 | | | | | | | |
| 教师总评意见： | | | | | | | |
| 问题及改进方法： | | | | | | | |

**问题思考**

### 一、填空题

1. 刨刀分为_____和_____两种形式，其中，_____常用于精加工。

2. 刨刀的种类较多，其中平面刨刀主要用于刨削_____；内孔刨刀主要用来加工

_____；偏刀主要用来加工_____、_____或斜面。

3．刨削时，较小的工件常用_____装夹，较大的工件可直接放置于_____上用_____进行装夹。

4．在平口钳上装夹工件时，工件的被加工表面应该_____出钳口。

5．刨刀安装时，刀头的伸出长度应尽加能_____，以防止产生_____和_____。

### 二、选择题

1．刨削垂直平面时应采用（    ）。
    A．平面刨刀　　　　B．偏刀　　　　　　C．弯切刀　　　　　D．直槽刀

2．刨削机床导轨等精度高的工件时，一般可采用（    ）。
    A．平面刨刀　　　　B．样板刀　　　　　C．宽刃刀　　　　　D．偏刀

### 三、简答题

1．刨刀的种类有哪些？各有什么主要作用？

2．为什么刨刀常做成弯头形式？

3．工件在机床上的安装方法主要有哪些？

4．简述刨刀在机床上的安装方法。

1．练习平面刨刀、偏刀等刀具在机床上的安装操作方法。

2．选择工件在机床上的安装方法，并进行安装操作练习。

## 任务 3　刨削平面

**【知识要求】**
掌握刨削平面的方法和步骤。

**【技能要求】**
能够熟悉操作机床完成平面的加工，保证相关技术要求。

    本任务通过四方体工件的加工练习，如图 3-15 所示，使操作者进一步掌握刀具的选择、安装及牛头刨床的操作调整方法；熟练工件的划线及安装方法；掌握平面刨削的加工方法和操作步骤。

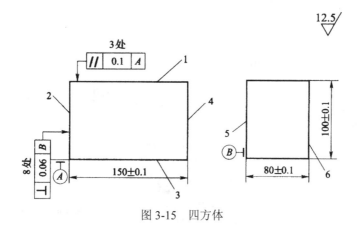

图 3-15 四方体

### 一、刨削水平面

刨削水平面时，进给运动由工作台（工件）的横向移动完成，背吃刀量由刀架控制。

#### 1. 刨刀的选择

刨水平面主要采用平面刨刀。一般应根据工艺要求进行选择，当工件表面要求较高时，在粗刨后还要进行精刨。加工过程中，为使工件表面光整，在刨刀返回时，可用手掀起刀座上的抬刀扳，以防刀尖刮伤已加工表面，影响工件加工精度和表面质量。

#### 2. 工件的安装

加工前，根据工件的形状和尺寸大小来选择合理的装夹方法，中、小型工件用机用平口钳装夹；较大的工件可直接装夹在刨床的工作台上。

#### 3. 加工方法

（1）调整牛头刨床至适当的位置，包括工作台的高度及滑枕的行程长度和行程位置。

（2）移动刀架，调整刨刀，对刀至选定的背吃刀量。刨刀的调整可用以下方法进行。

①用目测方法进行试刨，试刨后应进行测量，根据测量的数值再调整刀架至需要的尺寸。

②用划针盘对刀，将划针盘调整到加工线上，如果留精刨余量，则划针与刀刃最低处的间隙应按被加工面的大小和表面质量来决定。

③用刀架上的刻度环来调整刨刀的背吃刀量。

④用对刀规来调整刨刀。

（3）试切、加工。手动控制进给运动，刨削 0.5～1.0mm 后即停车进行测量所应控制的尺寸。手动控制时，走刀量要保持均匀，并且走刀应在回程完毕、进程开始的间歇内进行，这样可以减轻刀具的磨损。

（4）刨削完毕后，应先停车检验，尺寸合格后再卸下工件。

### 二、刨削垂直平面

刨削垂直平面时，摇动刀架手柄使刀架滑板（刨刀）做手动垂直进给，背吃刀量通过工作台的横向移动控制。

1. 刨刀的选择及安装

刨削垂直平面应采用偏刀，如图 3-16 所示。

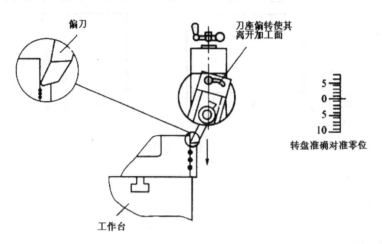

图 3-16　刨削垂直平面时刨刀的安装方法

安装偏刀时，刨刀伸出的长度应大于整个垂直面的高度。刨垂直面时，刀架转盘应对准零线；此外，刀座还要偏转一定的角度，使刀座上部转离加工面，以便使刨刀返回行程抬刀时，刀尖离开已加工表面。

2. 工件的安装

安装工件时，要通过找正使待加工表面与工作台台面垂直，并与刨刀切削行程方向平行。在刀具返回行程终了时，摇动刀架手柄来控制进刀。

用平口钳装夹，将工件需要加工的一端伸出钳口，但不能伸出过长，容易产生振动，影响正常加工。加工较短工件时，在钳口的另一端必须垫上与工件等厚的垫铁，以免因钳口两端受力不均而使工件损伤，或使工件装夹不牢固而产生位移，影响加工精度，如图 3-17 所示。

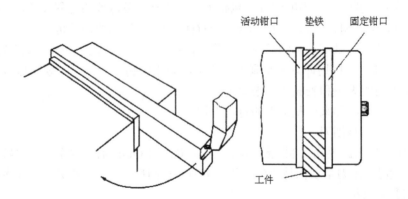

图 3-17　刨削垂直面时工件在平口钳上的安装方法

工件直接装夹在工作台上时，为防止刀具刨坏工作台面，应将工件的加工面对准工作台上的 T 型槽，如图 3-18（a）所示；也可将工件露出工作台的侧面，如图 3-18（b）所示；或者用平行垫铁将工件垫高，如图 3-18（c）所示。然后配置压板、螺栓，将工件压紧在工作台上。

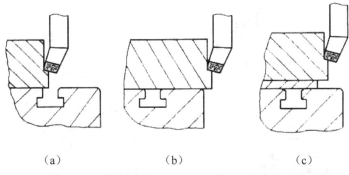

（a）　　　　　　　　（b）　　　　　　　　（c）

图 3-18　刨削垂直面时工件在工作台上的安装方法

3．加工方法

（1）调整牛头刨床工作台至适当高度，检查刀架的垂直进给行程能否将整个加工表面刨出。

（2）摇动工作台或刀架进行对刀后，定出合适的背吃刀量。通常刨垂直面时为了操作上的方便，一般将加工表面放在右边（即靠近操作者身边的一侧），利用右偏刀进行刨削。

（3）开车试刨，手动控制垂直进给 1～2mm 后，停车测量尺寸，检查背吃刀量是否合适，并通过横向移动工作台改变背吃刀量至适当尺寸。

（4）整个垂直面经过一次走刀后，停车，将刀架上摇至起始位置，用直角尺检查已加工表面是否与相邻面垂直。如果垂直，确定背吃刀量，继续进行刨削至工件合格为止；如果不垂直，则应仔细寻找原因，并及时给予修正后，再继续进行刨削。

● **特别提示：**

（1）一般情况下，牛头刨床在刨完一个垂直面后，将刀架摇至起始位置，工件调头装夹，刨另一个垂直面。如果工件较长，两端都伸出钳口，则刨完第一面后，工件不必调头装夹，可直接换上方向相反的偏刀，同时将刀座也向相反方向扳转后，即可按上述方法加工第二面。

（2）刨削垂直平面快终了时，应适当减小进给量，以免崩坏工件边缘和损坏刀具。

### 三、刨削倾斜面

凡是与水平面成一定角度的平面称为斜面。在牛头刨床上刨削斜面有以下几种方法。

1．倾斜刀架刨削斜面

这是一种最常用的方法，常采用偏刀进行刨削加工，如图 3-19 所示。主要适用于单件小批量生产。加工时，把刀架和刀座分别扳转一定角度，摇动刀架手柄，使刨刀沿倾斜方向进给刨削，背吃刀量由横向移动工作台来调整。

2．转动钳口垂直走刀刨削斜面

这种方法主要适用于刨削长工件的两端斜面，把工件装夹在平口钳上，根据要求，把平口钳钳身转过一定的角度，用刨削垂直面的方法把斜面刨削出来。

3．倾斜安装工件刨削斜面

当工件较长或成批生产时，一般不能采用倾斜刀架刨削加工，常采用倾斜安装工件，通过水平进给刨削斜面。按照工件装夹方法不同，可应用划线找正斜面工件、斜垫铁安装工件和夹具斜装工件的加工方法。

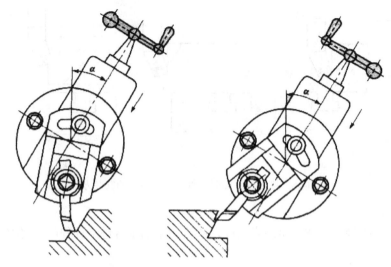

（a）用偏刀刨削左侧斜面　　　　　（b）用偏刀刨削右侧斜面

图 3-19　倾斜刀架刨削斜面

（1）按划线找正斜面工件，如图 3-20 所示。

工件斜面的宽度大于刀架的移动距离时，一般不能采用倾斜刀架刨削加工。这时可在工件上划出斜面的加工线，然后把工件装在工作台的侧面或平口钳上，通过找正斜面加工线的水平位置，用一般刨削水平面的方法刨削斜面。

（2）用斜垫铁斜装工件，如图 3-21 所示。

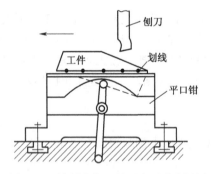

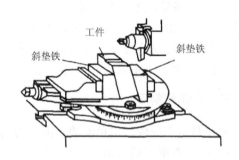

图 3-20　按划线找正斜面水平进给刨削　　　　图 3-21　用斜垫铁安装工件进行刨削

成批生产时，可采用符合零件斜度要求的斜垫铁，在平口钳上装夹工件。但当工件斜度较大时，用此方法不易夹紧工件。

（3）用专用夹具斜装工件，如图 3-22 所示。

在成批、大量生产时，为了提高生产率和加工质量，可采用专用夹具来斜装工件，用水平走刀的方法刨削斜面。

4. 用样板刀刨削斜面

当工件的斜面较窄而加工要求较高时，可采有样板刀（即成形刨刀）刨削加工，如图 3-23 所示。这种方法操作方便，生产效率高，加工质量好。但样板刀的刃磨要求高，加工时，切削速度及进给量要小。

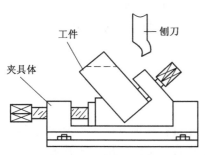

图 3-22　用专用夹具斜装工件进行刨削

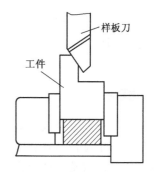

图 3-23　用样板刀加工斜面

### 一、准备工作

1. B6065 型刨床、机床用平口虎钳。
2. 平面刨刀、偏刀、相关工具、量具、辅具。

### 二、技能训练

四方体工件的加工步骤，如下：

步骤 1　看图并检查毛坯尺寸，计算加工余量，进行划线。

步骤 2　正确安装刨刀和工件。

（1）选择平整的、面积较大的平面 3 作为定位基准正确安装工件。

（2）选择平面刨刀，安装在刨刀刀架上，保证与被加工表面垂直。

步骤 3　正确调整机床。

（1）调整工作台高度，使工件在高度上接近刀具。

（2）调整机床的行程长度和行程位置；调整棘轮、棘爪机构，选择合适的进给量和进给方向。

步骤 4　对刀、试切。

（1）开机后对刀，慢慢转动刀架进给手柄，使刨刀与工件表面接触，在工件表面上划出一条细线，反方向退出工件台，使工件侧面退离刀尖 3～5mm，停机。

（2）试切，转动刀架手柄，确定背吃刀量，开机手动试切，粗刨平面，停机测量尺寸。根据测量结果再次调整背吃刀量，机动进给进行加工。

步骤 5　四方体加工顺序。

（1）以平面 3 进行定位，加工平面 1。

（2）以已加工表面 1 进行定位，加工平面 2，保证平面 1、2 之间的垂直度；工件换向，刨出平面 4，保证平面 1、4 之间的垂直度。

● **特别提示：**工件采用钳口侧面和圆柱棒进行定位。

（3）将平面 1 贴紧平行垫铁，刨削平面 3，保证平面 1、3 之间的平行度。

（4）在上述装夹基础上，将工件翻转 90°，找正后加工平面 5，保证垂直度要求。

（5）将工件再次翻转180°，加工平面6，达到图样技术要求。

● **特别提示**：每加工完一个平面后，要注意清理毛刺，否则会影响到工件定位与夹持的可靠性。

### 三、注意事项

1．严格遵守车间安全操作规程。

2．必须按规定操作步骤和要求进行练习，禁止进行与训练内容无关的其他操作。

3．练习完毕，调整工件台在各方向位于中间位置，关闭机床电源开关。

4．正确放置工具、量具、刃具及工件。

5．擦拭机床设备，清理工作场地。

### 四、检查评价，填写实训日志

| 检查评价单（四方体） | | | | | | | |
|---|---|---|---|---|---|---|---|
| 序号 | 考核项目 | 考核内容及要求 | 配分 | 评分标准 | 成　绩 | | |
| | | | | | 学生自检 | 小组互检 | 教师终检 |
| 1 | 尺寸公差 | 150±0.1mm | 8 | 超差不得分 | | | |
| 2 | | 100±0.1mm | 8 | | | | |
| 3 | | 80±0.1mm | 8 | | | | |
| 4 | 形位公差 | // 0.1 A | 5×3 | | | | |
| 5 | | ⊥ 0.06 B | 2×8 | | | | |
| 6 | 表面粗糙度 | Ra≤12.5μm（6处） | 1×6 | 每处超差扣1分 | | | |
| 7 | 操作规范 | 工件装夹正确，无松动 | 8 | 操作不当酌情扣分 | | | |
| 8 | | 对刀、试切过程正确 | 6 | | | | |
| 9 | | 正确操作机床设备 | 5 | 操作不当每次扣2分 | | | |
| 10 | | 刨床的润滑、保养 | 8 | 维护、保养不当酌情扣分 | | | |
| 11 | | 常用工具、量具、刃具的合理使用与保养 | 5 | 使用不当每次扣2分 | | | |
| 12 | 安全文明生产 | 严格执行安全操作规程 | 5 | 违反一次规定扣2分 | | | |
| 13 | | 工作服穿戴正确 | 2 | 穿戴不整齐不得分 | | | |
| 14 | 工时定额 | 120min | | 超过30min为不合格 | | | |
| 合计 | | | | | | | |
| 教师总评意见： | | | | | | | |
| 问题及改进方法： | | | | | | | |

 问题思考

**一、填空题**

1．刨削水平面时，进给运动由_____完成，背吃刀量由_____控制。

2．刨削垂直面时应采用_____刨刀。在牛头刨床上刨削垂直面时，应将_____对准零线，同时还要使_____偏转一定的角度。

3．刨削倾斜面的方法主要有_____、_____、_____和_____。

4．当工件较长或成批生产时，一般常采用_____方法加工斜面。

**二、简答题**

1．简述刨削平面时刨刀的选择及安装方法。

2．刨削前，牛头刨床需进行哪几方面的调整？如何调整？

3．刨削垂直面时，为什么刀架要偏转一定的角度？如何偏转？

4．刨削斜面的方法有哪些？

5．试述四面体零件的刨削加工过程。

 拓展练习

刨削加工练习，如图 3-24 所示：刨削六方体。

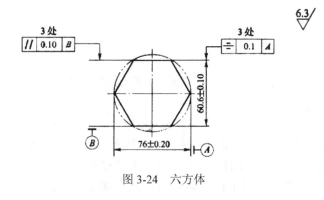

图 3-24 六方体

# 任务 4 刨削沟槽

 学习目标

**【知识要求】**

掌握刨削沟槽的方法和步骤。

**【技能要求】**

能够熟悉操作机床完成沟槽的加工，保证相关技术要求。

本任务通过定位块的加工练习，如图 3-25 所示，使操作者进一步掌握加工沟槽刀具的选择、安装和牛头刨床的操作调整方法；熟练工件的划线及安装方法；熟练掌握各种沟槽的加工方法和操作步骤。

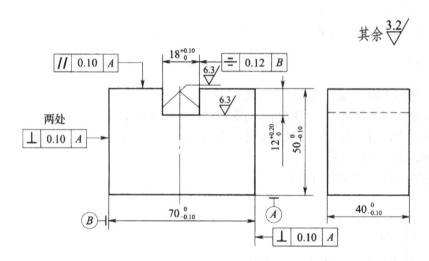

图 3-25　定位块

在牛头刨床上可以刨削直角沟槽、V 型槽、T 型槽和燕尾槽等。

**一、刨削直角沟槽**

直角沟槽加工要求较高，除槽宽、槽深尺寸精度及各表面的表面粗糙度等要求之外，与其他表面还有位置精度要求，如垂直度、平行度、对称度要求。

直角沟槽主要用切槽刀采用垂直手动进刀方式来加工，如图 3-26 所示。

加工前，先在工件上划出槽的加工线，然后进行装夹和找正。如果沟槽宽度不大，可用宽度与槽宽相当的切槽刀直接刨削至所需宽度；如果沟槽宽度较大，则可横向移动工作台，分几次刨削至所需槽宽。槽深可以根据划线加工，也可以根据测量尺寸，用刀架刻度来控制加工。

一般加工直角沟槽时，槽与其他表面应尽量在一次安装中加工完成，这样有利于保证直角沟槽与其他表面之间的相互位置精度。

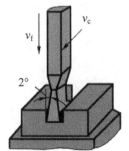

图 3-26　刨削直角沟槽

## 二、刨削型槽

刨削 V 型槽时，应根据工件的划线进行找正，先用直槽刀刨出底部直槽，然后换装偏刀，倾斜刀架和偏转刀座，用刨削斜面的方法分别刨出 V 型槽的两侧面，如图 3-27 所示。

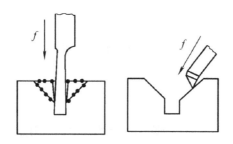

图 3-27　刨削 V 型槽

## 三、刨削 T 型槽

刨削 T 型槽时，先用切槽刀刨出直角沟槽，再分别用左、右弯切刀刨出两侧凹槽，最后用倒角刀倒角，如图 3-28 所示。在刨削 T 型槽时，为防止刨刀折断，必须通过手动方式抬刀或采用抬刀机构将刨刀抬出 T 型槽。

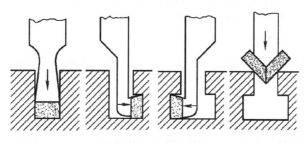

图 3-28　刨削 T 型槽

## 四、刨削燕尾槽

燕尾槽的加工过程和刨削 T 型槽相似，先用切槽刀刨出直角沟槽，再用左、右偏刀刨削燕尾面，刀架转盘及刀座都要偏转相应的角度，如图 3-29 所示。

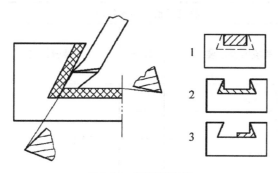

图 3-29　刨削燕尾槽

任务实施

### 一、准备工作

1．B6065 型刨床、机床用平口虎钳。

2．平面刨刀、切槽刀、左右弯切刀、相关工具、量具、辅具。

### 二、技能训练

定位块的加工步骤，如下：

步骤 1　看图并检查毛坯尺寸，计算加工余量，进行划线。

步骤 2　校正平口钳固定钳口与滑枕是否平行，用平行垫铁正确装夹工件，用百分表校正工件。

步骤 3　调整机床行程长度，正确安装刨刀。

步骤 4　对刀试切、加工。

（1）用刨削水平面的方法刨削六面体，达到图样要求。

（2）刨削直角沟槽。

① 用切槽刀粗加工分几次刨出直角沟槽，留精加工余量。

② 换精刨刀，控制沟宽尺寸及表面粗糙度达到要求。

③ 用平面刨刀对槽口倒角。

● **特别提示**：加工垂直沟槽，安装工件时，应使槽的底线高出钳口 5mm 左右。

### 三、注意事项

1．严格遵守车间安全操作规程。

2．必须按规定操作步骤和要求进行练习，禁止进行与训练内容无关的其他操作。

3．练习完毕，关闭机床电源开关；正确放置工具、夹具、刃具及工件。

4．擦拭机床设备，清理工作场地。

### 四、检查评价，填写实训日志

| 检查评价单（定位块） | | | | | | | |
|---|---|---|---|---|---|---|---|
| 序号 | 考核项目 | 考核内容及要求 | 配分 | 评分标准 | 成　绩 | | |
| | | | | | 学生自检 | 小组互检 | 教师终检 |
| 1 | 尺寸公差 | $18^{+0.10}_{0}$ mm | 10 | 超差不得分 | | | |
| 2 | | $12^{+0.20}_{0}$ mm | 8 | | | | |
| 3 | | $70^{0}_{-0.10}$ mm | 8 | | | | |
| 4 | | $40^{0}_{-0.10}$ mm | 8 | | | | |

续表

| 序号 | 考核项目 | 考核内容及要求 | 配分 | 评分标准 | 成绩 | | |
|------|----------|----------------|------|----------|------|------|------|
| | | | | | 学生自检 | 小组互检 | 教师终检 |
| 5 | 尺寸公差 | $50_{-0.10}^{0}$mm | 8 | | | | |
| 6 | 形位公差 | // \| 0.10 \| A | 8 | 超差不得分 | | | |
| 7 | | ⊥ \| 0.10 \| B | 6×2 | | | | |
| 8 | | 对称度要求 | 8 | | | | |
| 9 | 表面粗糙度 | Ra≤3.2μm（6 处） | 1.5×6 | 每处超差扣 1 分 | | | |
| 10 | | Ra≤6.3μm（3 处） | 1×3 | | | | |
| 11 | 操作规范 | 工件装夹正确，无松动 | 2 | 操作不当酌情扣分 | | | |
| 12 | | 对刀、试切过程正确 | 2 | | | | |
| 13 | | 正确操作机床设备 | 4 | 操作不当每次扣 2 分 | | | |
| 14 | | 刨床的润滑、保养 | 3 | 维护、保养不当酌情扣分 | | | |
| 15 | | 常用工具、量具、刃具的合理 使用与保养 | 3 | 使用不当每次扣 2 分 | | | |
| 16 | 安全文明生产 | 严格执行安全操作规程 | 3 | 违反一次规定扣 2 分 | | | |
| 17 | | 工作服穿戴正确 | 1 | 穿戴不整齐不得分 | | | |
| 18 | 工时定额 | 180min | | 超过 30min 为不合格 | | | |
| 合　计 | | | | | | | |
| 教师总评意见： | | | | | | | |
| 问题及改进方法： | | | | | | | |

问题思考

1．简述刨削直角沟槽时刨刀的选择及加工方法。
2．简述刨削 T 型槽的加工方法。

拓展练习

刨削沟槽练习，如图所示 3-30 所示：刨削 T 型槽。

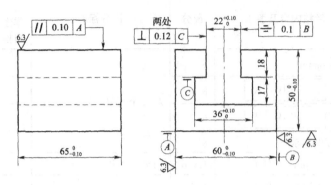

图 3-30　刨削 T 形槽

# 任务 5　综合训练项目

**【知识要求】**
掌握刨削方法和步骤。
**【技能要求】**
能够熟悉操作机床，完成各种型面的加工，保证相关技术要求。

本任务通过综合项目的练习，使操作者熟练掌握刀具的选择、安装和刨床的调整方法；熟练工件的划线及安装方法；掌握各种型面的加工方法和操作步骤。

**一、综合训练项目 1**

如图 3-31 所示为 V 型块的加工。

（一）准备工作

1．B6065 型刨床、机床用平口虎钳。

2．平面刨刀、切槽刀、相关工具、量具、辅具。

（二）技能训练

1．V 型块的加工步骤

步骤 1　看图并检查毛坯尺寸，计算加工余量，进行划线。

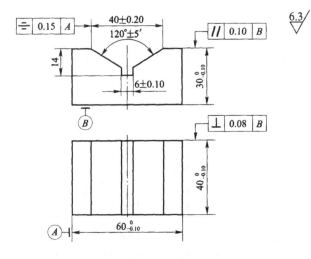

图 3-31 V 形块

步骤 2 校正平口钳固定钳口与滑枕是否平行，正确装夹工件，用百分表校正工件。

步骤 3 调整机床行程长度，正确安装刨刀。

步骤 4 对刀试切、加工。

（1）刨削基准面及其他关联面，达到图样要求，顶面暂不加工。

（2）划 V 型槽的对称中心线和 V 型槽线。

（3）用刨水平面的方法刨削顶面至图样要求。

（4）用切槽刀切出底部直槽至图样要求。

（5）倾斜刀架，安装偏刀，刨削左右斜面，留精加工余量。

（6）精刨两斜面，保证达到图样技术要求。

2. 评分标准

| 序号 | 考核项目 | 考核内容及要求 | | 配分 | 评分标准 | 成绩 | | |
|---|---|---|---|---|---|---|---|---|
| | | | | | | 学生自检 | 小组互检 | 教师终检 |
| 1 | 尺寸公差 | $120°\pm 5'$ | | 8 | 超差不得分 | | | |
| 2 | | $6\pm 0.1mm$ | | 8 | | | | |
| 3 | | 30mm | | 8 | | | | |
| 4 | | $40\pm 0.2mm$ | | 8 | | | | |
| 5 | | $40_{-0.10}^{0}mm$ | | 8 | | | | |
| 6 | | $60_{-0.10}^{0}mm$ | | 8 | | | | |
| 7 | | 14mm | | 4 | | | | |
| 8 | 形位公差 | ∥ | 0.08 | B | 8 | | | |
| 9 | | ⊥ | 0.08 | B | 8 | | | |
| 10 | | 对称度要求 | | 8 | | | | |

续表

| 序号 | 考核项目 | 考核内容及要求 | 配分 | 评分标准 | 成绩 | | |
|------|----------|----------------|------|----------|------|------|------|
| | | | | | 学生自检 | 小组互检 | 教师终检 |
| 11 | 表面粗糙度 | Ra≤6.3μm（8 处） | 0.5×8 | 每处超差扣 0.5 分 | | | |
| 12 | 操作规范 | 工件装夹正确，无松动 | 2 | 操作不当酌情扣分 | | | |
| 13 | | 对刀、试切过程正确 | 2 | | | | |
| 14 | | 正确操作机床设备 | 4 | 操作不当每次扣 2 分 | | | |
| 15 | | 刨床的润滑、保养 | 3 | 维护、保养不当酌情扣分 | | | |
| 16 | | 常用工具、量具、刃具的合理使用与保养 | 3 | 使用不当每次扣 2 分 | | | |
| 17 | 安全文明生产 | 严格执行安全操作规程 | 5 | 违反一次规定扣 2 分 | | | |
| 18 | | 工作服穿戴正确 | 1 | 穿戴不整齐不得分 | | | |
| 19 | 工时定额 | 180min | | 超过 30min 为不合格 | | | |
| 合计 | | | | | | | |
| 教师总评意见： | | | | | | | |
| 问题及改进方法： | | | | | | | |

## 二、综合训练项目 2

如图 3-32 所示为轴槽的加工。

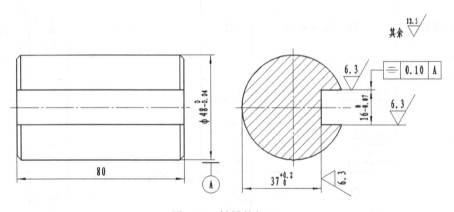

图 3-32  轴槽的加工

（一）准备工作

1. B6065 型刨床、机床用平口虎钳。

2. 切槽刀、相关工具、量具、辅具。

（二）技能训练

1. 轴槽的加工步骤

步骤 1　看图并检查毛坯尺寸，在轴的圆柱面和端面划出加工界限，以便对刀和加工。

步骤 2　校正平口钳固定钳口与滑枕是否平行，选用 V 型块正确装夹工件，并用百分表校正工件。

步骤 3　调整机床行程长度，正确安装刨刀，对刀。

● **特别提示：** 由于轴槽与轴中心对称度精度要求较高，切槽刀安装必须对正轴的中心线。

步骤 4　加工顺序

（1）粗刨

粗刨时，切槽刀宽度比键槽宽度小 0.5～1mm，手动控制刀架垂直进给，分几次刨削，使槽深至图样要求，槽宽留精加工余量。

（2）精刨

用宽度与槽宽相等的切槽刀进行精刨，精刨时进给量要小，且应及时检测轴槽宽的对称度误差，并及时调整校正，保证达到图样技术要求。

2. 检查评价

| 检查评价单（轴槽） | | | | | | | |
|---|---|---|---|---|---|---|---|
| 序号 | 考核项目 | 考核内容及要求 | 配分 | 评分标准 | 成绩 | | |
| | | | | | 学生自检 | 小组互检 | 教师终检 |
| 1 | 尺寸公差 | $16_{-0.07}^{0}$mm | 15 | 超差不得分 | | | |
| 2 | | $37_{0}^{+0.20}$ mm | 15 | | | | |
| 3 | 形位公差 | 对称度 | 15 | | | | |
| 4 | 表面粗糙度 | Ra≤6.3μm（3 处） | 2×3 | 每处超差扣 1 分 | | | |
| 5 | 操作规范 | 划线的正确性、工件装夹正确，无松动 | 10 | 操作不当酌情扣分 | | | |
| 6 | | 对刀、试切过程正确 | 20 | | | | |
| 7 | | 正确操作机床设备 | 4 | 操作不当每次扣 2 分 | | | |
| 8 | | 刨床的润滑、保养 | 4 | 维护、保养不当酌情扣分 | | | |
| 9 | | 常用工具、量具、刃具的合理使用与保养 | 6 | 使用不当每次扣 2 分 | | | |
| 10 | 安全文明生产 | 严格执行安全操作规程 | 4 | 违反一次规定扣 2 分 | | | |
| 11 | | 工作服穿戴正确 | 1 | 穿戴不整齐不得分 | | | |
| 12 | 工时定额 | 180min | | 超过 30min 为不合格 | | | |
| 合　计 | | | | | | | |
| 教师总评意见： | | | | | | | |
| 问题及改进方法： | | | | | | | |

### 三、注意事项

1. 严格遵守车间安全操作规程。
2. 必须按规定操作步骤和要求进行练习，禁止进行与训练内容无关的其他操作。
3. 练习完毕，关闭机床电源开关；正确放置工具、夹具、刃具及工件。
4. 擦拭机床设备，清理工作场地。

### 四、填写实训日志

练习刨削燕尾槽，如图 3-33 所示。

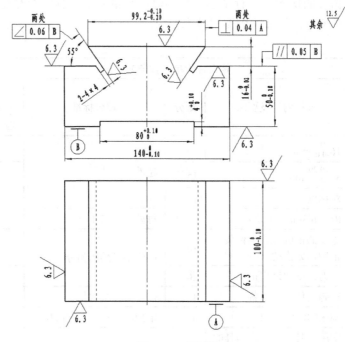

图 3-33　燕尾槽

# 项目四　铣削加工

## 任务 1　X6132 型铣床的基本操作

### 一、铣削概述

在铣床上用铣刀对工件进行切削加工的方法称为铣削。铣削的加工范围很广，可加工平面（水平面、垂直面、倾斜面）、台阶、沟槽（直角沟槽、V 型槽、T 型槽、燕尾槽等）、成形面、齿轮以及切断等，还可在铣床上完成钻孔、铰孔、镗孔等工作。图 4-1 所示为铣削加工的主要内容。

铣削加工时，铣刀主轴带动铣刀的高速旋转为主运动，进给运动通常是铣床工作台带动工件的直线移动。铣刀属于多刃刀具，铣削时，各刀齿轮流承担切削，冷却条件好，切削速度可以选择高些，故生产效率较高。但铣刀各刀齿的不断切入和切出使铣削力不断变化，故铣削时存在冲击和振动。

由于铣刀种类多，铣床的功能强，铣削的适应性好，能完成多种表面的加工，故铣削加工应用广泛。铣削加工的一般经济精度可达 IT9～IT7，表面粗糙度 Ra 值为 6.3～1.6μm。

### 二、铣床

铣床的种类很多，最常见的是卧式（万能）铣床和立式铣床。两者的区别在于安装铣刀的主轴与工作台的相对位置不同。卧式铣床具有水平的主轴，主轴轴线与工作台面平行；立式铣床具有直立的主轴，主轴轴线与工作台面垂直。这两种铣床的通用性强，主要适用于单件小批量生产尺寸不大的零件。

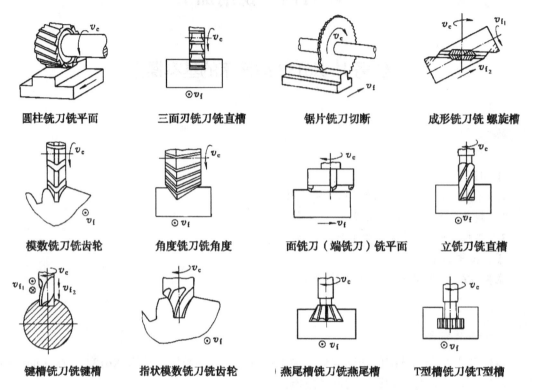

| 圆柱铣刀铣平面 | 三面刃铣刀铣直槽 | 锯片铣刀切断 | 成形铣刀铣 螺旋槽 |
| 模数铣刀铣齿轮 | 角度铣刀铣角度 | 面铣刀（端铣刀）铣平面 | 立铣刀铣直槽 |
| 键槽铣刀铣键槽 | 指状模数铣刀铣齿轮 | 燕尾槽铣刀铣燕尾槽 | T型槽铣刀铣T型槽 |

图 4-1　铣削加工的主要内容

1. X6132 万能升降台铣床的型号及主要部件

如图 4-2 所示为 X6132 型万能升降台铣床外形图，其型号意义如下：

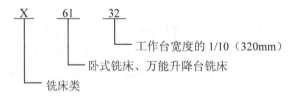

X　61　32

工作台宽度的 1/10（320mm）

卧式铣床、万能升降台铣床

铣床类

X6132 型万能升降台铣床的主要组成部件及作用如下：

（1）床身。主要用来安装机床其他部件。正面有一组垂直导轨可使升降台上、下移动；顶部有燕尾水平导轨用来安装横梁并引导横梁水平移动，调整横梁位置。床身内部装有主轴部件和主轴变速机构。

（2）横梁。沿床身顶部燕尾导轨移动，按需要调节其伸出长度，横梁上安装有挂架。

（3）挂架。用以支承铣刀杆的另一端，增强铣刀杆的刚度。

（4）主轴。是一根空心轴，前端有锥度为 7:24 的圆锥孔，用以插入铣刀杆。电动机输出的回转运动和动力经变速机构驱动主轴连同铣刀一起回转，实现主运动。

（5）工作台。用以安装铣床夹具和工件，可实现纵向进给运动。

1-床身；2-横梁；3-挂架；4-主轴；5-工作台；6-转台；7-横向溜板；8-升降台；9-底座

图 4-2　X6132 型铣床

（6）转台。可在横向溜板上转动，使工作台在水平面内扳转±45°的角度，以便铣削螺旋表面。

（7）横向溜板。位于升降台水平导轨上，可带动工作台横向移动，实现横向进给运动。

（8）升降台。可沿床身的垂直导轨上、下移动，用来调整工作台在垂直方向的位置，内部装有进给电动机和进给变速机构。

（9）底座。用以支承铣床的全部重量和盛放冷却润滑液。在底座上装有冷却润滑电动机。

2. 其他常用铣床简介

（1）X5032 型立式升降台铣床

如图 4-3 所示，立式铣床与卧式铣床与很多地方相似，主要区别是其主轴安装在可以偏转的立铣头内，轴线与工作台垂直。其次，立式铣床床身顶部没有导轨，也无横梁；工作台和横向溜板之间没有转台，工作台不能沿水平面扳转角度。

（2）X8126 型万能工具铣床

如图 4-4 所示，万能工具铣床的垂直主轴能在平行于纵向的垂直平面内作±45°范围内任意角度的偏转；使用圆工作台后，可实现圆周进给运动和在水平面内作简单的圆周等分，可加工圆弧轮廓面等曲面；使用万能角度工作台，可使工作台在空间绕纵向、横向、垂直方向三个相互垂直的坐标轴回转角度，以适应各种倾斜面和复杂工件的加工。

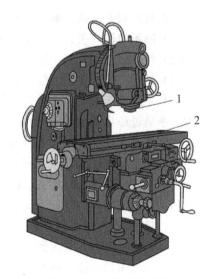

图 4-3　立式铣床外观图

（3）X2010C 型龙门铣床

如图 4-5 所示，龙门铣床是一种大型高效的通用机床，框架式结构，刚性好，适宜进行高速铣削和强力铣削，主要加工各类大型工件的平面、沟槽等。其横向和垂直方向的进给运动由主轴箱和主轴或横梁完成，工作台只能作纵向进给运动。

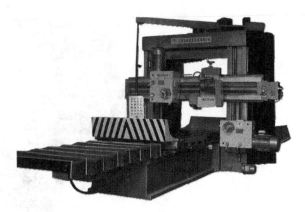

图 4-4　万能工具铣床外观图　　　　　　　图 4-5　龙门铣床外观图

## 一、准备工作

1. X6132 型万能升降台铣床一台。
2. 调整操作万能升降台铣床所需的工具、辅具准备。

## 二、技能训练

1. 在教师指导下认识和熟悉机床

（1）熟悉电源开关、冷却泵开关、"启动""停止"按钮等位置。

（2）熟悉机床各操纵手柄的位置，检查各操作手柄是否在零位或空档。

（3）熟悉工作台各紧固螺钉和手柄的位置，机床工作台上不应放有不必要的杂物。

（4）熟悉机床各润滑点位置，加注润滑油，对铣床进行润滑。

2. 手动进给操作练习

（1）熟悉各进给手柄，做各方向的手动进给练习。

（2）使工作台在纵、横向和垂直方向移动相应尺寸，往复操作并停在中间位置。

（3）掌握消除工作台丝杠、螺母之间的传动间隙对移动尺寸的影响，养成调整的习惯。

（4）熟练、均匀地进行手动进给速度控制的练习。

3. 铣床主轴转速的调整练习

（1）把铣床电源开关旋到"通"的位置，接通电源并选择旋转方向（正转和反转）。

（2）调整主轴转速，练习变换主轴转速。

（3）按"启动"按钮，使主轴回转。

（4）重复上述动作进行练习。

4. 工作台机动进给操作练习

（1）调整进给量，调整时把蘑菇形手柄拉出并转动手柄，使转盘上选定的数值对准指针，该数值即为进给量，再把手柄推入。

（2）按"启动"按钮，使主轴回转。

（3）操作机动横向和升降手柄。手柄向上提，工作台就向上移动；向下压，工作台就向下移动；向里或向外，工作台就向里或向外移动。

（4）操作机动纵向手柄。向右推手柄工作台就向右移动，向左推手柄，工作台就向左移动。

（5）停止工作台进给，再停止主轴回转。

（6）重复以上练习。

### 三、注意事项

1. 严格遵守车间安全操作规程。

2. 必须按规定操作步骤和要求进行练习，禁止进行与训练内容无关的其他操作。

3. 练习完毕，使工作台在各进给方向处于中间位置，各手柄恢复原来位置，关闭机床电源开关。

4. 擦拭机床，清理工作场地。

### 四、检查评价，填写实训日志

| 检查评价单 | | | | | | |
|---|---|---|---|---|---|---|
| 序号 | 考核项目 | 考核要求及评分标准 | 分值 | 成绩 | | |
| | | | | 学生自检 | 小组互检 | 教师终检 |
| 1 | 认识铣床的种类,熟悉铣床各操纵手柄位置 | 按熟练程度酌情扣分 | 10 | | | |
| 2 | 手动进给的操作练习 | 按熟练程度酌情扣分 | 20 | | | |
| 3 | 铣床主轴转速的调整练习 | 按熟练程度酌情扣分 | 20 | | | |
| 4 | 工作台机动进给的操作练习 | 操作正确熟练,示熟练程度酌情扣分 | 10 | | | |
| 5 | 工作台位置的调整 | 按熟练程度 | 10 | | | |
| 6 | 机床的保养维护 | 酌情扣分 | 10 | | | |
| 7 | 安全文明生产 | 严格遵守安全操作规程,按要求着装;操作规范,无操作失误;认真操作,维护车床 | 10 | | | |
| 8 | 团队协作 | 小组成员和谐相处,互帮互学 | 10 | | | |
| 合计 | | | | | | |
| 教师总评意见: | | | | | | |
| 问题及改进方法: | | | | | | |

### 一、填空题

1. 铣削时，_____作主运动，_____作进给运动。

2. 铣床的种类很多，最常见的是_____和_____。

3. 卧式铣床主轴与工作台面_____；立式铣床主轴与工作台面_____。

4. _____铣床主要适用于加工大型工件的平面、沟槽等。

5. X6132 型万能升降台铣床的纵向进给运动由_____实现；横向进给运动由_____实现；垂直方向的运动由_____实现。

### 二、简答题

1. 试述 X6132 型万能升降台铣床的切削运动。

2. X6132 型万能升降台铣床由哪些主要部件组成？这些部件各起什么作用？

3. 立式铣床与卧式铣床的主要区别是什么？

4. 铣削加工有什么特点？

熟练掌握 X5032 型立式升降台铣床的操作步骤和方法。

## 任务 2　铣刀的安装

【知识要求】

熟悉铣刀的种类及其应用。

【技能要求】

掌握铣刀安装的正确操作方法。

本任务主要介绍常用铣刀的种类和应用，使操作者熟练掌握铣刀在机床上的正确安装方法的操作技能。

相关知识

### 一、铣刀的种类

**（一）按铣刀切削部分的材料分类**

（1）高速钢铣刀。切削部分材料是高速钢，其结构通常做成整体形式，特别适用于制造形状复杂的铣刀，应用广泛。

（2）硬质合金铣刀。采用硬质合金做刀齿或刀齿的切削部分，通过焊接或机械装夹的形式固定在刀体上，主要用于高速切削或加工硬材料。

**（二）按铣刀的用途分类**

**1. 铣削平面用铣刀**

（1）圆柱铣刀。如图 4-6（a）、（b）所示，适用于在卧式铣床上加工平面，由高速钢制成，分粗齿和精齿两种，主要用于粗铣及半精铣平面，如采用螺旋形刀齿还可以提高切削工作的平稳性。

（2）端面铣刀。如图 4-6（c）、（d）所示，适用于在立式铣床上加工平面，刀齿采用硬质合金制成，有整体式、镶齿式和可转位（机械夹固）式等几种，生产效率高，加工表面质量高，主要用于粗铣、精铣平面。

（a）整体式圆柱铣刀　　（b）镶齿式圆柱铣刀　　（c）套式端铣刀　　（d）可转位硬质合金端铣刀

图 4-6　铣削平面用铣刀

**2. 铣削台阶、沟槽用铣刀**

（1）三面刃铣刀。如图 4-7（a）所示，适用于在卧式铣床上铣削各种沟槽、台阶平面、侧面及其凸台平面，如图 4-1（b）所示的三面刃铣刀铣削直槽。它的圆柱刀刃起主要切削作用，端面刀刃起修光作用。按照排列方式，刀齿可分为直齿和错齿两种。

（2）立铣刀。如图 4-7（b）所示，适用于在立式铣床上加工台阶平面、侧面和沟槽、螺旋槽及工件上各种形状的孔，如图 4-1（h）所示的立铣刀铣直槽。立铣刀带有刀柄，小直径为直柄，大直径为莫氏锥柄，它的圆柱刀刃起主要切削作用。

（3）键槽铣刀。如图 4-7（c）所示，适用于铣削键槽。它的外形与立铣刀相似，带有刀柄，具有两个螺旋刀齿。它与立铣刀的主要差别是这种铣刀的端面刀刃直至中心，而立铣刀的端面刀刃不到中心。因此，键槽铣刀的端面刀刃也可以起主要切削作用，作轴向进给，直接切入工件。

（4）锯片铣刀。如图 4-7（d）所示，用于铣削各种槽、板料、棒料和各种型材的切断，

如图 4-1（c）所示的锯片铣刀切断。锯片铣刀主要用于卧式铣床，它是整体的直齿圆盘铣刀，因为很薄，所以只有圆柱刀刃。在相同外径下，按照数量多少，刀齿分为粗齿和细齿两种。粗齿锯片铣刀的刀齿数量少，容屑槽较大，排屑容易，切削轻快，在切断有色金属和非金属材料时应选用粗齿。

　　（5）T 型槽铣刀。如图 4-7（e）所示，用于铣削 T 型槽。

　　（6）燕尾槽铣刀。如图 4-7（f）所示，用于铣削燕尾和燕尾槽。

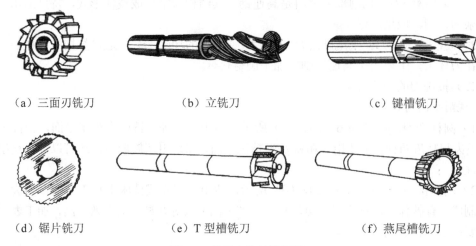

| （a）三面刃铣刀 | （b）立铣刀 | （c）键槽铣刀 |
| （d）锯片铣刀 | （e）T 型槽铣刀 | （f）燕尾槽铣刀 |

图 4-7　铣削台阶键槽用铣刀

### 3. 铣削特形面用铣刀

　　（1）凹半圆铣刀。如图 4-8（a）所示，用于铣削凸半圆成形面。

　　（2）凸半圆铣刀。如图 4-8（b）所示，用于铣削半圆槽和凹半圆成形面。

　　（3）模数齿轮铣刀。如图 4-8（c）所示，用于铣削渐开线齿形的齿轮。

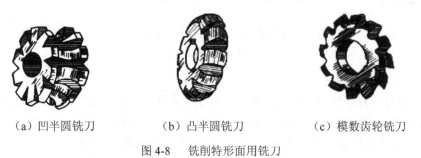

| （a）凹半圆铣刀 | （b）凸半圆铣刀 | （c）模数齿轮铣刀 |

图 4-8　铣削特形面用铣刀

### 4. 铣削特形沟槽用铣刀

　　角度铣刀主要用来加工带有角度的沟槽和小斜面，特别是加工多齿刀具的容屑槽。分单角铣刀和双角铣刀两种。

　　（1）单角铣刀如图 4-9（a）所示。用于各种刀具的外圆齿槽与端面齿槽的开齿，铣削各种锯齿形齿离合器与棘轮的齿形。

　　（2）双角铣刀如图 4-9（b）所示。双角铣刀又分为对称双角铣刀和不对称双角铣刀，用于铣削各种 V 型槽和尖齿、梯形齿离合器的齿形。

（a）单角铣刀　　　　　　　　　　（b）双角铣刀

图 4-9　铣削特形沟槽用铣刀

（三）按齿背形式分类

（1）尖齿铣刀。齿背经铣削而成，后刀面为简单平面，磨损后需重磨后刀面。应用广泛，主要用于加工平面和沟槽。

（2）铲齿铣刀。后刀面为铲齿方法加工而成，磨损后需重磨前刀面，以保证后刀面轮廓形状不发生改变，适用于轮廓形状较复杂的铣刀。

（四）按铣刀齿数分类

（1）粗齿铣刀。粗齿铣刀的刀齿数较少，且刀齿的强度和容屑空间较大，适用于粗加工。

（2）细齿铣刀。细齿铣刀的刀齿数较多，且刀齿的强度和容屑空间较小，适用于半精加工和精加工。

## 二、铣刀杆

铣刀杆用来安装铣刀的附件，它与铣床主轴之间一般采用锥度为 7:24 的圆锥连接作为定心，刀杆的后端用拉杆螺丝和锁紧螺母拉紧，并通过端面键和键槽传递扭矩，如图 4-10 所示。

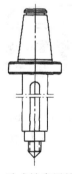

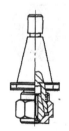

（a）卧式铣床用的刀杆　　　（b）安装端铣刀的刀杆　　　（c）具有弹簧夹头的刀杆

（d）具有三爪卡盘的刀杆　　　　　（e）具有莫氏锥孔套的刀杆

图 4-10　铣刀杆

## 任务实施

### 一、准备工作

1．X6132 型万能升降台铣床。

2．圆柱铣刀、锥柄立铣刀、相关工具、辅具。

### 二、技能训练

（一）带孔铣刀的安装练习

圆柱铣刀、三面刃铣刀、角度铣刀、齿轮铣刀和锯片铣刀等都带孔，它们均安装在刀杆上，如图 4-11 和图 4-12 所示。安装步骤如下。

1．铣刀杆的安装练习

（1）根据铣刀杆的长度调整横梁伸出长度，紧固横梁。

（2）锁紧主轴或将主轴转速调整到最低，擦试主轴锥孔。

（3）擦拭铣刀杆锥柄，安装并紧固铣刀杆。

（4）重复以上练习。

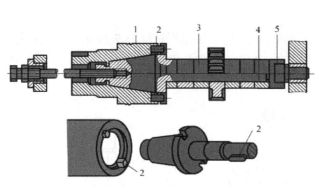

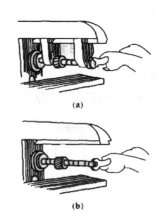

1-主轴；2-键；3-套筒；4-刀轴；5-螺母
图 4-11　带孔铣刀的安装

（a）正确装刀动作　（b）错误装刀动作
图 4-12　铣刀紧固方法

● **特别提示**

安装铣刀时应擦净各接合表面，以防止附有污物而影响安装精度。刀杆上垫圈的两端面必须保持平行，不得有毛刺或者粘有切屑、油污，以免把铣刀夹歪或者把刀杆弄弯。

2．圆柱铣刀的安装练习

（1）擦净铣刀杆、垫圈和圆柱形铣刀。

（2）安装垫圈和圆柱形铣刀，旋上铣刀杆紧刀螺母。

（3）擦净铣刀杆支撑轴颈和挂架轴承孔，注入润滑油。

（4）擦净横梁和挂架的导轨面，安装挂架并调整挂架轴承间隙。

（5）紧固挂架。

（6）紧固圆柱形铣刀，检查安装是否正确。

● **特别提示**

（1）在不影响加工的情况下，应尽可能使铣刀靠近铣床主轴，并使支架尽量靠近铣口以增加刚性。

（2）安装带孔铣刀时，注意铣刀的刃口必须和主轴旋转方向一致，应先紧固挂架再紧固铣刀。

（3）拉紧螺杆的螺纹应与铣刀杆或铣刀的螺孔有足够的旋合长度，挂架轴承孔与铣刀杆支撑轴颈应保持足够的配合长度。

3. 铣刀杆和圆柱铣刀的拆卸练习

（1）将主轴转速调至最低或锁紧主轴。

（2）松开铣刀杆紧刀螺母。

（3）调松挂架轴承，松开并卸下挂架。

（4）旋下铣刀杆紧刀螺母，卸下垫圈和圆柱形铣刀。

（5）松开拉紧螺杆的背紧螺母，用锤子轻击拉紧螺杆端部，使铣刀杆锥柄从主轴锥孔中松动。

（6）旋出拉紧螺杆，取下铣刀杆。

（7）将垫圈装在铣刀杆上，旋上紧刀螺母，把铣刀杆放回刀杆架原位。

● **特别提示**：拆卸时，应先松开铣刀再松开挂架。

（二）带柄铣刀的安装练习

立铣刀、键槽铣刀、半圆键槽铣刀和 T 型槽铣刀都是带柄铣刀。

直柄铣刀可用三爪卡盘或弹簧夹头安装，直径很小的直柄铣刀也可以用钻夹头安装，如图 4-13（a）所示。

锥柄铣刀则直接安装在铣床主轴的锥孔中，或者使用过渡锥套，如图 4-13（b）所示。

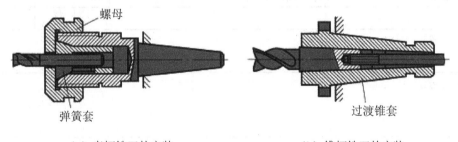

　　　（a）直柄铣刀的安装　　　　　　　　（b）锥柄铣刀的安装

图 4-13　带柄铣刀的安装

1. 锥柄立铣刀的安装练习

（1）将主轴转速调至最低或锁紧主轴，擦试立铣头主轴锥孔。

（2）选择合适的过渡锥套，擦试立铣头锥柄和锥套。

（3）将立铣刀锥柄装入过渡锥套的锥孔中，一起装入立铣头主轴锥孔，并用拉紧螺杆拉紧。

（4）检查铣刀的安装情况是否正确。

### 2. 锥柄立铣刀的拆卸练习

（1）拆卸立铣刀时，先旋松拉紧螺杆，使立铣刀脱离立铣头主轴锥孔。

（2）卸下立铣刀，用工具卸下过渡锥套。

### 三、注意事项

1. 严格遵守车间安全操作规程。

2. 必须按规定操作步骤和要求进行练习，禁止进行与训练内容无关的其他操作。

3. 练习完毕，关闭机床电源开关；正确放置工具、夹具、刃具及工件。

4. 擦拭机床设备，清理工作场地。

### 四、检查评价，填写实训日志

| 检查评价单 | | | | | | |
|---|---|---|---|---|---|---|
| 序号 | 考核项目 | 考核要求及评分标准 | 分值 | 成绩 | | |
| | | | | 学生自检 | 小组互检 | 教师终检 |
| 1 | 常用铣刀认知 | 酌情扣分 | 20 | | | |
| 2 | 带孔铣刀的安装、拆卸操作练习 | 按操作步骤酌情扣分 | 30 | | | |
| 3 | 带柄铣刀的安装、拆卸操作练习 | 按操作步骤酌情扣分 | 30 | | | |
| 4 | 安全文明生产 | 严格遵守安全操作规程，按要求着装；操作规范，无操作失误；认真操作，维护车床 | 10 | | | |
| 5 | 团队协作 | 小组成员和谐相处，互帮互学 | 10 | | | |
| 合计 | | | | | | |
| 教师总评意见： | | | | | | |
| 问题及改进方法： | | | | | | |

### 问题思考

### 一、填空题

1. 铣刀按其用途可分为_____铣刀、_____铣刀、_____铣刀和_____铣刀四类。

2. 铣刀按其齿背的形式可分为_____铣刀和_____铣刀。

3. 只在圆柱面上开有刀齿的铣刀称为_____铣刀，主要适用于_____铣床上加工平面，分为_____和_____两种，分别用于粗铣和半精铣平面。

4. 铣刀按其齿背的形式可分为_____铣刀和_____铣刀。

5. 安装铣刀时，应擦净各接合面，以防止附有污物而影响_____。

**二、选择题**

1. 可以用来铣削平面用的铣刀有（　　）。

　　A. 端铣刀　　　　　B. 立铣刀　　　　　C. 圆柱铣刀　　　　D. 三面刃铣刀

2. 可以用来铣削沟槽用的铣刀有（　　）。

　　A. 端铣刀　　　　　B. 立铣刀　　　　　C. 键槽铣刀　　　　D. 三面刃铣刀

3. 铣削特形沟槽用的铣刀主要有（　　）。

　　A. 端铣刀　　　　　B. 单角铣刀　　　　C. 三面刃铣刀　　　D. 双角铣刀

4. 适合在卧式铣床上加工沟槽、台阶用的铣刀有（　　）。

　　A. 键槽铣刀　　　　B. 立铣刀　　　　　C. 锯片铣刀　　　　D. 三面刃铣刀

**三、简答题**

1. 铣刀按其用途分有哪几类？哪些铣刀可以用来加工平面？

2. 哪些铣刀可以用来加工台阶、沟槽？各适用于什么场合？

1. 熟练掌握圆柱铣刀、三面刃铣刀和锯片铣刀的安装、拆卸方法。

2. 熟练掌握直柄立铣刀、锥柄立铣刀及键槽铣刀的安装、拆卸方法。

# 任务 3　工件的安装

**【知识要求】**

熟悉铣床主要附件及其应用。

**【技能要求】**

掌握工件在机床上的正确安装方法。

本任务主要介绍常用铣床主要附件及其应用，使操作者熟练掌握工件在机床上的正确安装方法的操作技能。

相关知识

### 一、铣床的主要附件

#### 1. 平口钳

平口钳是铣床上的常用附件，主要用于安装小型、较规则的工件，有非回转式和回转式两种，其外形如图 4-14 所示。主要由底座、钳身、固定钳口、活动钳口、钳口铁及螺杆组成，底座下有定位键，安装时将定位键放在工作台的 T 型槽内，即可获得正确的位置。

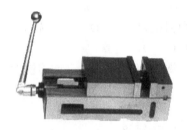

（a）非回转式平口钳　　　　　　　　（b）回转式平口钳

图 4-14　平口钳

按钳口宽度不同，常用的平口钳有 100mm、125mm、136mm、160mm、200mm、250mm 六种规格。

#### 2. 回转工作台

回转工作台常用于中小型零件的圆周分度和作圆周进给铣削回转曲面，如铣削工件上的圆弧形周边、圆弧槽、多边形工件和有分度要求的槽或孔等。

根据其回转轴线的方向分为卧轴式和立轴式两类，铣床上常用的是立轴式回转工作台，分手动进给回转工作台和机动进给回转工作台两种。手动进给回转工作台只能手动进给；机动进给回转工作台既可以手动进给，又可以机动进给，其外形如图 4-15 所示。

（a）手动进给回转工作台　　　　　　（b）机动进给回转工作台

图 4-15　回转工作台

回转工作台的规程以圆工作台的外径表示，常用的规格有 200mm、250mm、320mm、400mm、500mm 等几种。

#### 3. 万能分度头

万能分度头是铣床的重要精密附件，主要用于安装工件铣削斜面，多边形工件、花键轴、

齿轮等的圆周分度和螺旋槽的加工。分度头的结构主要由底座、转动体、分度盘、主轴等组成，主轴可随转动体在垂直平面内转动，通常在主轴前端安装三爪卡盘或顶尖，用它来安装工件，其结构如图 4-16 所示。

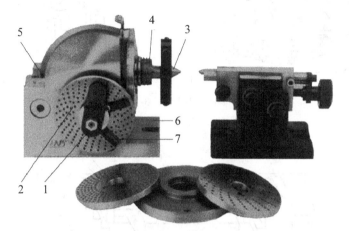

1-手柄；2-分度盘；3-顶尖；4-主轴；5-回转体；6-基座；7-侧轴；8-分度叉

图 4-16　万能分度头

按夹持工件的最大直径，万能分度头常用的规格有 FW200、FW250、FW320 三种。

4．立铣头和万能铣头

（1）立铣头。如图 4-17（a）所示，安装于卧式铣床的主轴端，由铣床主轴驱动立铣头主轴回转，使卧式铣床起立式铣床的功用，从而扩大了卧式铣床的工艺范围。立铣头主轴在垂直平面内可扳转角度范围为±45°，立铣头主轴转速与铣床主轴转速相同。

（a）立铣头

（b）万能铣头

图 4-17　立铣头和万能铣头

（2）万能铣头。如图 4-17（b）所示，与立铣头的区别是结构上增加了一个可转动的壳体与铣头壳体的轴线互成 90°。因此，铣头主轴可实现空间转动。

**二、工件的一般安装方法**

工件在铣床上的安装方法主要有以下几种：

（1）工件用平口钳安装，如图 4-18 所示。

（2）工件用压板、螺栓直接安装在工作台上，如图 4-19 所示。

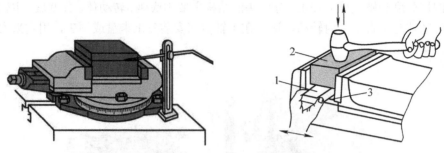

1-平行垫铁；2-工件；3-钳体导轨面

图 4-18　用平口钳安装工件

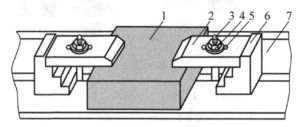

1-工件；2-压板；3-T 形螺栓；4-螺母；5-垫圈；6-台阶垫铁；7-工作台面

图 4-19　用压板、螺栓装夹工件

（3）工件用回转工作台安装。回转工作台的内部有一套蜗轮蜗杆。摇动手轮，通过蜗杆轴就能直接带动与转台相连接的蜗轮转动。转台周围有刻度，可以用来观察和确定转台的位置。拧紧固定螺钉就可以固定转台。转台中间有一孔，利用它可以方便地确定工件的回转中心。当底座上的槽和铣床工作台的 T 型槽对齐后，即可用螺栓把回转工作台固定在铣床工作台上。如图 4-20 所示。

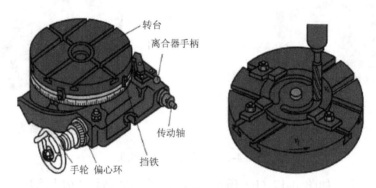

图 4-20　用回转工作台安装工件

（4）工件用万能分度头安装。主要适用于需要分度铣削加工的工件，例如齿轮、螺母等。另外，对于一些小型的回转体零件，为了装夹方便，也可装夹在分度头上加工。

分度头的附件有三爪卡盘、前顶尖、尾架和拔盘、千斤顶等。装夹时，工件一端用三爪卡盘夹紧，一端用尾架顶住，为了增加工件的刚性，可以采用千斤顶辅助撑住工件，如图 4-21所示。

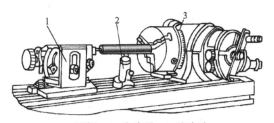

1-尾架；2-千斤顶；3-分度头

图 4-21  用万能分度头安装工件

（5）工件用专用夹具安装。主要适用于成批或大量生产中，专门设计制造的专用铣床夹具不仅定位准确、装夹可靠，还可以提高生产率，保证加工精度，如图 4-22 所示。

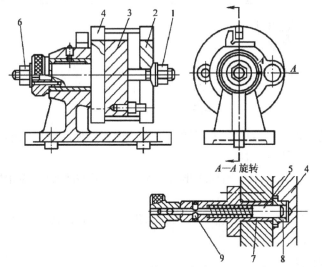

A—A 旋转

1-夹紧螺母；2-开口垫圈；3-定位心轴 4-分度盘；5-对定销；6-锁紧螺母；
7-导套；8-定位套；9-止动销

图 4-22  用专用夹具安装工件

## 一、准备工作

1. X6132 型万能升降台铣床、平口钳。
2. 工件若干及相关工具、辅具。

## 二、技能训练

（一）平口钳的安装和校正练习

1. 平口钳的安装

（1）擦净平口钳座底面和铣床工作台面。

（2）根据工件长度来确定钳口方向。一般情况下，平口钳在工作台面上的位置应处在工作台长度方向的中心偏左以及宽度方向的中心，以便于操作。

● **特别提示**

对于长工件，在卧式铣床上固定钳口应与铣床主轴轴线垂直，如图 4-23（a）所示，在立式铣床上则应与进给方向平行；对于短的工件，在卧式铣床上固定钳口应与铣床主轴轴线平行，如图 4-23（b）所示，在立式铣床上则应与进给方向垂直。

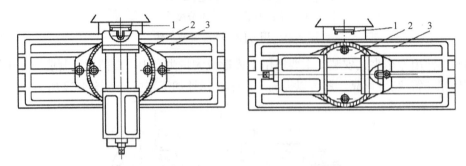

（a）固定钳口与铣床主轴轴线垂直　　（b）固定钳口与铣床主轴轴线平行
1-铣床主轴；2-平口钳；3-工作台

图 4-23　平口钳的安装位置

（3）将定位键放入工作台中央 T 型槽内，推动钳体，使两定位键的同一侧侧面靠在中央 T 型槽的一侧面上，然后固定钳座。

（4）调整固定钳口与铣床主轴轴线垂直、平行或按需调整成所需角度。

● **特别提示**

相对位置精度要求的工件，如钳口与主轴轴线要求有较高的垂直度或平行度精度时，应对固定钳口进行校正。

2. 固定钳口的校正

（1）用划针校正固定钳口与铣床主轴轴线垂直，如图 4-24 所示。

步骤 1　将划针夹持在铣刀杆垫圈间，使划针针尖靠近固定钳口的平面。

步骤 2　纵向移动工作台，观察并调整平口钳的位置与铣床主轴轴线垂直。

● **特别提示**

调整时，应使划针针尖与固定钳口平面的缝隙大小均匀，在钳口全长范围内一致，固定钳口就可与铣床主轴轴线垂直。此方法精度较低，常用于粗校正。

步骤 3　紧固钳体，进行复检，防止紧固时发生位移。

（2）用直角尺校正固定钳口与铣床主轴轴线平行，如图 4-25 所示。

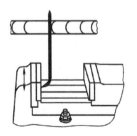

图 4-24　用划针校正垂直　　　　　　图 4-25　用直角尺校正平行

步骤 1　松开钳体紧固螺母，使固定钳口平面大致与主轴轴线平行。

步骤 2　将直角尺的尺座底面紧靠在床身的垂直导轨面上，调整钳体，使固定钳口平面与直角尺外测量面紧密贴合。

步骤 3　紧固钳体，进行复检。

（3）用百分表校正固定钳口与铣床主轴轴线垂直或平行，加工较精密工件时，常用百分表对固定钳口进行精校正。

校正固定钳口与铣床主轴轴线垂直时的加工步骤，如图 4-26（a）所示。

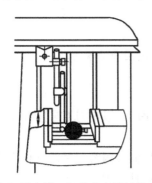 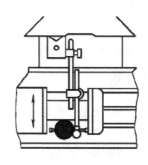

（a）固定钳口与铣床主轴轴线垂直　　　　（b）固定钳口与铣床主轴轴线平行

图 4-26　用百分表校正固定钳口

步骤 1　安装百分表，将磁性表座吸在横梁导轨面上，使百分表的测量杆与固定钳口平面垂直，测量触头触到固定钳口平面，测量杆压缩 0.3～0.5 mm。

步骤 2　纵向移动工作台，观察百分表读数，若在固定钳口全长内一致，则固定钳口与铣床主轴轴线垂直。

步骤 3　轻轻紧住钳体，复检合格后再用力紧固钳体。

校正固定钳口与铣床主轴轴线平行时，将磁性表座吸在垂直导轨面上，横向移动工作台进行校正，方法同上，如图 4-26（b）所示。

（二）工件在平口钳上的安装练习

1. 毛坯工件的安装方法

（1）清理钳口铁平面、钳体导轨面及工件表面。

（2）选择工件定位基准面。

（3）将工件靠向固定钳口，轻夹工件。

（4）用划线盘校正毛坯上平面位置，待符合要求后夹紧工件。

● 特别提示

应选择毛坯件上平整、面积足够大的表面作为粗基准；平口钳钳口与工件毛坯面间应垫铜皮，以防损伤钳口。

2. 已加工工件的安装方法

（1）清理钳口铁平面、钳体导轨面及工件表面。

（2）选择工件上较大的粗加工表面作为基准面。

（3）用圆柱棒夹紧工件，如图 4-27 所示。

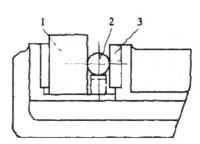

1-工件；2-圆柱棒；3-活动钳口

图 4-27　用圆柱棒夹紧工件

将工件的基准面靠向固定钳口，在活动钳口与工件间放置一圆柱棒，通过圆柱棒夹紧工件，使其基准面与固定钳口面贴合后紧固。

● **特别提示**

圆柱棒及工件的放置位置应适当，夹紧后钳口应用力均匀。

（4）用平行垫铁夹紧工件。

将工件的基准面靠向钳体导轨面，在工件与导轨面之间垫上平行垫铁，使工件基准面与导轨面平行，轻夹后可用锤子轻击工件上面，并用手试移垫铁，当其不松动时，工件与垫铁贴合良好，然后对工件进行夹紧。

● **特别提示**

选择的垫铁应具有一定硬度，平面度、平行度、垂直度应符合要求。

### 三、注意事项

1. 工件在平口钳上装夹时，待铣削余量层应高出钳口平面，以铣刀不接触钳口上平面为宜。
2. 严格遵守车间安全操作规程。
3. 必须按规定操作步骤和要求进行练习，禁止进行与训练内容无关的其他操作。
4. 练习完毕，关闭机床电源开关；正确放置工具、夹具、刃具及工件。
5. 擦拭机床设备，清理工作场地。

### 四、检查评价，填写实训日志

| 检查评价单 | | | | | | |
|---|---|---|---|---|---|---|
| 序号 | 考核项目 | 考核要求及评分标准 | 分值 | 成绩 | | |
| | | | | 学生自检 | 小组互检 | 教师终检 |
| 1 | 平口钳的安装和校正练习 | 平口钳的位置要正确，不正确不得分 | 10 | | | |
| 2 | 工件在平口钳上的安装（毛坯件、已加工表面） | 按操作步骤酌情扣分 | 30 | | | |
| 3 | 工件在回转工作台上的安装练习 | 按操作步骤酌情扣分 | 20 | | | |
| 4 | 工件在万能分度头上的安装练习 | 按操作步骤酌情扣分 | 20 | | | |
| 5 | 安全文明生产 | 严格遵守安全操作规程，按要求着装；操作规范，无操作失误；认真操作，维护车床 | 10 | | | |
| 6 | 团队协作 | 小组成员和谐相处，互帮互学 | 10 | | | |
| 合计 | | | | | | |
| 教师总评意见： | | | | | | |
| 问题及改进方法： | | | | | | |

 **问题思考**

**一、填空题**

1. 常用的铣床附件有平口钳、_____、_____、立铣头和万能铣头等。
2. 平口钳主要用于安装小型、较规则的工件，有_____和_____两种。
3. 回转工作台常用于中小型零件的_____和作圆周进给铣削_____。
4. 万能分度头的规格按_____表示，常用的有 FW200、FW250 等。
5. 加工较精密工件时，常用_____对平口钳的固定钳口进行精校正。

**二、简答题**

1. 铣床的主要附件有哪些？应用在什么场合？
2. 工件在铣床上常用的装夹方法有哪些？
3. 简述立铣头和万能铣头的主要区别。

 **拓展练习**

1. 熟练工件在平口钳上的安装及校正方法。
2. 熟练工件在回转工作台和万能分度头上的安装方法。

# 任务 4　铣削平面

 **学习目标**

【知识要求】
掌握铣削平面的方法和步骤。
【技能要求】
能够熟悉操作机床完成平面的加工，保证相关技术要求。

 **任务描述**

本任务通过六面体工件的加工练习（如图 4-28 所示），使操作者进一步掌握铣床的操作、刀具的选择及其安装方法；熟练铣床附件及工件的安装方法；掌握铣削平面的加工方法和操作步骤。

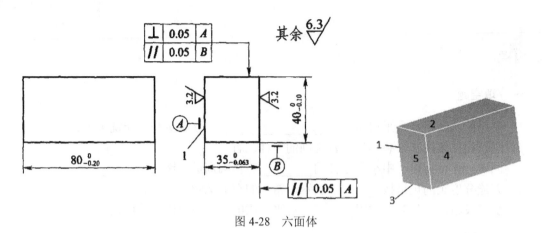

图 4-28 六面体

## 一、铣削用量

铣削过程中选择的切削用量称为铣削用量，主要包括铣削速度、进给量、铣削深度和铣削宽度。铣削用量的选择直接关系到生产效率、工件的加工精度和加工表面质量。

1. 铣削速度

铣削速度通常指铣刀切削刃上选定点在主运动中的线速度，主要与铣刀直径、铣刀的转速有关，铣削速度单位是 m/min，其计算公式为：

$$v_c = \frac{\pi d n}{1000}$$

式中　$v_c$——铣削速度（m/min 或 m/s）；

$d$——铣刀直径（mm）；

$n$——铣刀（或铣刀主轴）转速（r/min）。

2. 进给量

进给量指铣刀在进给运动方向上相对工件的单位位移量。由于铣刀是多齿刀具，根据具体要求情况，铣削中的进给量有三种表达方法。

（1）每转进给量 $f$。铣刀每回转一周在进给运动方向上相对工件的位移量，用单位 mm/r 表示。

（2）每齿进给量 $f_z$。铣刀每转过一个刀齿在进给运动方向上相对工件的位移量，用单位 mm/z 表示。

（3）进给速度 $v_f$。铣刀每回转 1 min 在进给运动方向上相对工件的位移量，用单位 mm/min 表示。

三者之间的关系用公式表示为：

$$v_f = f n = f_z z n$$

式中　$v_f$——进给速度（mm/min）；

$z$——铣刀齿数；

$n$ ——铣刀（或铣刀主轴）转速（r/min）。

**3. 铣削深度**

铣削深度又称为背吃刀量，是指平行于铣刀轴线方向上测得的切削层尺寸，单位为 mm。

**4. 铣削宽度**

铣削宽度指垂直于铣刀轴线方向测得的切削层尺寸，即铣刀的铣削弧深尺寸，单位为 mm。

## 二、铣削方式

铣削方式对工件的加工质量、铣削的平稳性、铣刀的耐用度及生产效率有很大的影响，铣削时应根据它们各自特点采用合适的铣削方式。

**1. 端铣和周铣**

（1）端铣

端铣是用铣刀端部刀齿进行切削加工的铣削方式，铣刀的旋转轴线与工件的加工表面垂直，如图 4-29（a）所示。

一般来说，在同等切削用量情况下，端铣后的残留面积高度比周铣小，可获得较小的表面粗糙度值，又由于端铣采用硬质合金刀头，刚性好，刀杆受力情况好，不易产生变形，因此可采用大的切削用量，其切削速度可高达 80m/min，故端铣生产率高于周铣。但其适用性较差，仅用于铣削平面，尤其是大平面，在成批生产加工组合平面时不及周铣灵活。

（2）周铣

周铣是用铣刀圆周刀齿进行切削加工的铣削方式，铣刀的旋转轴线与工件的加工表面平行，如图 4-29（b）所示。

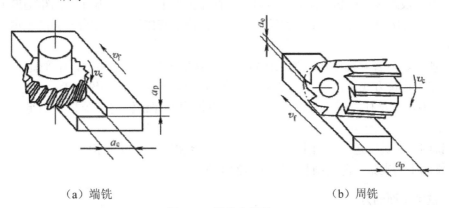

（a）端铣 （b）周铣

图 4-29 端铣和周铣

周铣是用圆柱铣刀在卧式铣床上铣削加工，铣刀常用高速钢制成，刀杆较长，受力大，刚性差，易引起弯曲变形和振动，表面粗糙度值大，不易采用大的切削用量，切削速度一般在 30m/min 以下，生产率低。但其适用性强，在加工平面、台阶、沟槽、齿轮和成形面等方面应用广泛。

**2. 顺铣和逆铣**

（1）顺铣

在铣刀与工件已加工面的切点处，铣刀的旋转运动方向与工件进给方向相同的铣削称为顺铣，如图 4-30（a）所示。

（2）逆铣

在铣刀与工件已加工面的切点处，铣刀的旋转运动方向与工件进给方向相反的铣削称为逆铣，如图 4-30（b）所示。

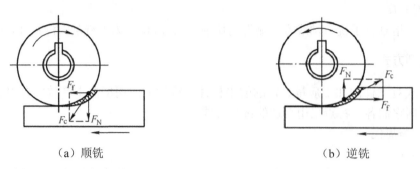

（a）顺铣　　　　　　　　　　　（b）逆铣

图 4-30　顺铣和逆铣

（3）顺铣和逆铣的比较

顺铣时，刀齿切入的切削厚度由最大到零，易切入工件，刀齿和工件之间没有相对滑动，作用在工件上的垂直铣削力始终向下，故产生振动小，加工表面质量好，刀具磨损小，铣刀使用寿命高，有利于高速切削。但工作台丝杆与螺母有间隙时，由于水平分力方向与进给运动方向相同，当其大于工作台和导轨之间的摩擦力时，会引起工作台窜动，使切削不平稳，影响工件的表面质量，甚至损坏刀具，造成事故。

逆铣时，刀齿切入切削厚度是由零逐渐变到最大，由于刀齿切削刃有一定的钝圆，所以刀齿要滑行一段距离才能切入工件，刀刃与工件摩擦严重，工件已加工表面粗糙度值增大，刀具易磨损。但其切削力始终使工作台丝杆与螺母保持紧密接触，工作台不会产生窜动，切削过程平稳。

综上所述，尽管顺铣比逆铣加工优点多，但切削过程易产生振动，不平稳，所以在一般生产中多采用逆铣方式进行加工。在以下几种情况下，方可采用顺铣加工。

1）在工作台丝杠、螺母传动副有间隙调整机构，并将轴向间隙调整到足够小（0.03～0.05mm）。

2）铣削力在进给运动方向上的分力小于工作台和导轨之间的摩擦力。

3）铣削不易夹紧、薄而细长的刚性差的工件。

**三、铣削平面的方法**

铣平面是铣削加工的主要内容之一，可完成单一表面和连接表面（相对于基准面有位置要求的平面，如垂直面、平行面和斜面）的铣削加工。

（一）铣刀的选择

1. 用圆柱铣刀铣削平面

圆柱铣刀的宽度应大于工件加工面的宽度。粗铣时，铣刀的直径按工件切削层深度大小而定；精铣时一般取较大的铣刀直径。

2. 用端铣刀铣削平面

端铣刀的宽度应大于工件加工面的宽度，一般为工件加工面宽度的 1.2～1.5 倍。

（二）铣削垂直面和平行面

垂直面是指与基准面垂直的平面，平行面是指与基准面平行的平面。加工垂直面、平行面除了要保证平面度和表面粗糙度要求外，还需要保证相对于基准面的位置精度及基准面间的尺寸精度要求。加工时，应先加工基准面，而保证垂直度、平行度的关键是工件的正确定位和夹紧。

常用的铣削方法有如下。

1. 铣削垂直面

（1）在卧式铣床上用圆柱铣刀铣垂直面时，工件基准面靠向平口钳固定钳口，采用圆柱棒定位夹紧，如图 4-31 所示。

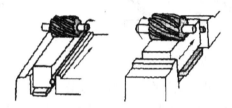

图 4-31　在卧式铣床上用圆柱铣刀铣削垂直面

（2）用端铣刀铣垂直面时，工件基准面紧贴工作台面，将工件用压板、螺栓直接安装在工作台上或用平口钳安装，如图 4-32 所示。

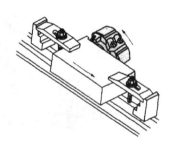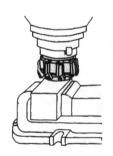

图 4-32　用端铣刀铣削垂直面

（3）在立式铣床上用立铣刀铣垂直面，常用于基准面宽而长、加工面较窄的垂直面的加工，如图 4-33 所示。

2. 铣削平行面

（1）在卧式铣床上用端铣刀铣平行面，当工件没有台阶时，可通过定位键定位直接安装在工作台上，使基准面与纵向进给方向平行进行加工，如图 4-34 所示。

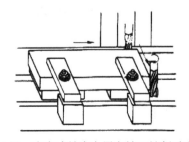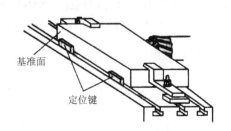

图 4-33　在立式铣床上用立铣刀铣削垂直面　　　图 4-34　在卧式铣床上用端铣刀铣削平行面

（2）在立式铣床上用端铣刀铣平行面，可采用平口钳装夹，或当工件有台阶时，可使基准面与工作台贴合，直接安装在工作台上进行加工，如图 4-35 所示。

（三）铣削斜面

（1）倾斜安装工件加工斜面。此法是安装工件时，将斜面转到水平位置，然后按铣平面的方法来加工此斜面，如图 4-36 所示。

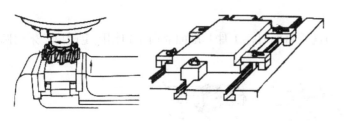
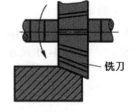

图 4-35　在立式铣床上用端铣刀铣削平行面　　　　图 4-36　倾斜安装工件铣斜面

（2）倾斜铣刀加工斜面。此方法是在立式铣床或装有万能立铣头的卧式铣床上进行，使用端铣刀或立铣刀，使刀轴转过相应角度。加工时工作台须带动工件作横向进给，如图 4-37 所示。

（3）用角度铣刀铣斜面。可在卧式铣床上用与工件角度相符的角度铣刀直接铣斜面，如图 4-38 所示。

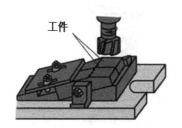

图 4-47　倾斜刀具铣斜面　　　　　　　　图 4-38　用角度铣刀铣斜面

**一、准备工作**

1．X6132 型万能升降台铣床、X5032 型立式升降台铣床、机床用平口虎钳。

2．铣刀、工件及相关工具、量具、辅具等。

**二、技能训练**

六面体的加工步骤如下：

步骤 1　读零件图，分析主要技术要求，检查毛坯尺寸。

步骤 2　选择机床，正确安装铣刀和工件。

（1）选择平面 2 为粗基准。

（2）用机床用平口钳装夹工件，钳口间应垫铜皮。校正固定钳口与纵向工作台进给方向平行。

（3）选择立式铣床并安装铣刀（选择端铣刀）。

步骤 3　调整切削用量。

步骤 4　用端铣刀铣削 1、2、3、4 面的加工顺序。

（1）铣削面 1。

（2）铣削面 2。以面 1 为精基准进行定位，加工平面 2，保证平面 1、2 之间的垂直度。

● **特别提示**：工件采用活动钳口和圆柱棒进行安装。

（3）铣削面 3。以面 1 为精基准加工面 3。

（4）铣削面 4。面 1 靠向平行垫铁，面 3 靠向固定钳口装夹工件，加工面 4。

● **特别提示**：每加工完一个平面后，要注意清理毛刺，否则会影响到工件定位与夹持的可靠性。

步骤 5　调整并校正固定钳口与铣床主轴轴线平行。

步骤 6　选择并安装铣刀（选择立铣刀）。

步骤 7　调整切削用量。

步骤 8　装夹工件，用立铣刀铣削 5、6 面，保证长度尺寸。

（5）铣削面 5。面 1 靠向固定钳口，用百分表校正面 2 与钳体导轨面平行，铣削面 5。

（6）铣削面 6。面 2 靠向固定钳口，面 1 靠向钳体导轨面，用百分表校正面 4 与钳体导轨面平行，铣削面 6，保证长度尺寸。

2. 检查评价

### 三、注意事项

1. 严格遵守车间安全操作规程。

2. 必须按规定操作步骤和要求进行练习，禁止进行与训练内容无关的其他操作。

3. 练习完毕，关闭机床电源开关；正确放置工具、夹具、刃具及工件。

4. 擦拭机床设备，清理工作场地。

### 四、检查评价，填写实训日志

| 序号 | 考核项目 | 考核内容及要求 | | 配分 | 评分标准 | 成绩 | | |
|---|---|---|---|---|---|---|---|---|
| | | | | | | 学生自检 | 小组互检 | 教师终检 |
| 1 | 尺寸公差 | $80_{-0.20}^{0}$ mm | | 17 | 超差不得分 | | | |
| 2 | | $35_{-0.063}^{0}$ mm | | 17 | | | | |
| 3 | | $40_{-0.10}^{0}$ mm | | 17 | | | | |
| 4 | 形位公差 | // | 0.05　B | 5×2 | | | | |
| 5 | | ⊥ | 0.05　A | 5 | | | | |

检查评价单（六面体）

续表

| 序号 | 考核项目 | 考核内容及要求 | 配分 | 评分标准 | 成绩 | | |
|---|---|---|---|---|---|---|---|
| | | | | | 学生自检 | 小组互检 | 教师终检 |
| 6 | 表面粗糙度 | $Ra \leq 3.2\mu m$（两处） | $3 \times 2$ | 每处超差扣1分 | | | |
| 7 | | $Ra \leq 6.3\mu m$（4处） | $2 \times 4$ | 每处超差扣1分 | | | |
| 8 | 操作规范 | 操作姿势正确、规范 | 5 | 操作不当，酌情扣分 | | | |
| 9 | | 正确操作机床设备、合理保养及维护 | 5 | 操作不当每次扣2分 | | | |
| 10 | | 工具、量具、刃具的合理使用与保养 | 5 | 使用不当每次扣1分 | | | |
| 11 | 安全文明生产 | 严格执行安全操作规程 | 3 | 违反一次规定扣2分 | | | |
| 12 | | 工作服穿戴正确 | 2 | 穿戴不整齐不得分 | | | |
| 13 | 工时定额 | 120min | | 超过30min为不合格 | | | |
| 合计 | | | | | | | |
| 教师总评意见： | | | | | | | |
| 问题及改进方法： | | | | | | | |

检查评价单（六面体）

 问题思考

## 一、填空题

1. 铣削用量的要素包括_____、_____、_____和_____。

2. 铣削斜面的方法主要有_____、_____和_____。

3. 用铣刀的端部刀齿进行切削加工的铣削方式称为_____；用铣刀的圆周刀齿进行切削加工的铣削方式称为_____。

4. 周铣时，当铣刀的旋转运动方向与工件进给运动相反时称为_____；铣刀的旋转运动方向与工件进给运动相同时称为_____。

## 二、选择题

1. 圆周顺铣时，刀齿切入的切削厚度是（  ）切入工件。

    A. 由零到大　　　　　　　　　B. 不变

    C. 由大到零　　　　　　　　　D. 先由大到小，再由小到大

2. 圆周顺铣主要适用于（  ）。

    A. 加工刚性差的工件　　　　　B. 精度要求低的工件

C．加工刚性好的工件　　　　　　D．精度要求高的工件

## 三、简答题

1．什么是顺铣？什么是逆铣？各有什么特点？如何选用？

2．铣削加工中进给量的表达方式主要有哪些？它们之间有什么关系？

3．铣削倾斜平面的方法有哪些？

**拓展练习**

铣削平面练习，如图 4-39 所示。

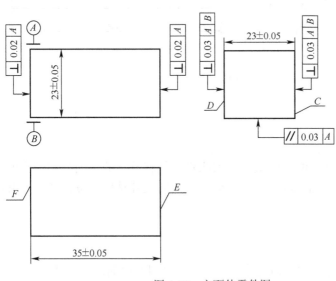

图 4-39　六面体零件图

# 任务 5　铣削台阶

**学习目标**

【知识要求】

掌握铣削台阶的方法和步骤。

【技能要求】

能够熟悉操作机床完成台阶的加工，保证相关技术要求。

本任务通过台阶零件的加工（如图 4-40 所示），使操作者进一步掌握铣床的操作、刀具的选择及其安装方法；了解铣床附件及工件的安装方法；熟练掌握铣削台阶的加工方法和操作步骤。

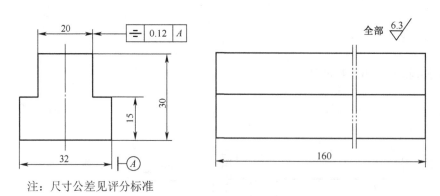

注：尺寸公差见评分标准

图 4-40　台阶零件图

台阶面是由两个互相垂直的平面组成，因此除应具有较高的平面度和较小的表面粗糙度值外，对于与其他零件相配合的台阶面，还应满足较高的尺寸精度和位置精度要求（如平行度、垂直度、对称度等）。

### 一、铣削台阶的方法

在铣削过程中，根据台阶的结构尺寸大小不同，采用不同的加工方法。

1. 用三面刃铣刀铣台阶

铣削宽度不太宽（一般 B＜25mm）的台阶，一般在卧式铣床上采用三面刃铣刀加工，并尽可能选择错齿三面刃铣刀，如图 4-41（a）所示。

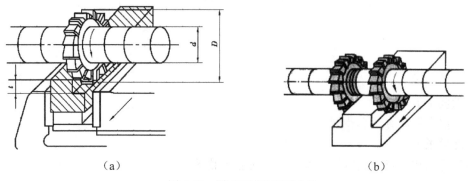

（a）　　　　　　　　　　　　　　（b）

图 4-41　用三面刃铣刀铣台阶

　　为提高生产率，还可用两把三面刃铣刀组合铣削台阶面，但两把三面刃铣刀必须规格一致、直径相同，两铣刀内侧刀刃间距应等于台阶凸台的宽度尺寸。装刀时应将两铣刀在周向错开半个齿，以减小铣削中的振动，如图 4-41（b）所示。

　　2．用端铣刀铣台阶

　　宽度较宽而深度较浅的台阶，常使用端铣刀在立式铣床上加工，如图 4-42 所示。端铣刀刀杆刚度高，铣削时切削深度变化小，切削平稳，加工表面质量好，生产率高。铣削台阶所用端铣刀的直径应大于台阶的宽度，一般可按 D=（1.4～1.6）B 选取。

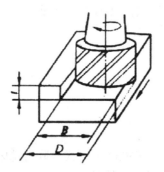

图 4-42　用端铣刀铣台阶

　　3．用立铣刀铣台阶

　　深度较深的台阶或多级台阶，常用立铣刀在立式铣床上加工，尤其适合于内台阶的加工，如图 4-43 所示。铣削时，立铣刀的圆周刀刃起主要切削作用，端面刀刃起修光作用。由于立铣刀的刚度差，悬伸较长，受径向抗力影响较大，易造成铣刀折断并影响加工质量，因此应选用较小的铣削用量，分阶段进行加工。条件许可的情况下，应选用直径较大的立铣刀铣削。

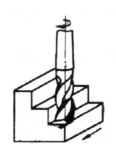

图 4-43　用立铣刀铣台阶

**二、台阶的检测**

　　台阶的检测较为简单，其宽度和深度一般可用游标卡尺、深度游标卡尺或千分尺、深度千分尺进行检测。当台阶深度较浅，不便使用千分尺检测时，可用极限量规进行检测。

**三、影响台阶面加工质量的因素**

　　1．影响台阶尺寸的因素

　　用三面刃铣刀铣削台阶时，由于铣床工作台的纵向进给与主轴轴线不垂直，造成工作台零位不准，使台阶产生上窄下宽的现象；铣削时只有一侧刀刃参加切削，使铣刀受力不均匀，出现"让刀"现象以及手动移动工作台调整尺寸不准确等，都会影响尺寸精度。

2．影响台阶形状、位置精度的因素

在铣床上安装平口钳时没有进行校正、工件安装时没有进行校正，铣出的台阶都易产生歪斜。

工作台、立铣头零位不准会使台阶面产生凹面，影响台阶的形状精度。

3．影响台阶表面质量的因素

铣削用量选择不当，进给量过大；铣刀磨损严重；切削液使用不当；进给运动不平稳等因素都会造成台阶表面粗糙度值增大。

### 一、准备工作

1．X6132 型万能升降台铣床、X5032 型立式升降台铣床，机床用平口虎钳。

2．铣刀、工件、相关工具、量具、辅具。

### 二、技能训练

1．台阶零件的加工步骤

步骤 1    读零件图，分析主要技术要求，并检查工件尺寸是否符合要求。

步骤 2    正确安装铣刀和工件。

（1）选择底面为定位基准。

（2）用机床用平口钳采用平行垫铁装夹工件，并校正固定钳口与纵向工作台进给方向平行。

（3）选择机床并安装铣刀（选择三面刃铣刀加工台阶）。

步骤 3    铣削四面至尺寸要求。

步骤 4    台阶的对刀方法。

（1）深度对刀，调整台阶面的高度尺寸，留精加工余量。

（2）侧面对刀，调整台阶面的侧面尺寸，留精加工余量，并紧固横向工作台。

步骤 5    加工顺序。

（1）粗铣台阶左侧面，留精加工余量。

（2）精铣台阶左侧面至要求。

（3）粗铣台阶右侧面，留精加工余量。

（4）精铣台阶右侧面至要求。

● **特别提示**：加工台阶时，应注意消除工作台丝杠与螺母的间隙。

### 三、注意事项

1．严格遵守车间安全操作规程。

2．必须按规定操作步骤和要求进行练习，禁止进行与训练内容无关的其他操作。

3．练习完毕，关闭机床电源开关；正确放置工具、夹具、刃具及工件。

4．擦拭机床设备，清理工作场地。

## 四、检查评价，填写实训日志

| 序号 | 考核项目 | 考核内容及要求 | 配分 | 评分标准 | 成绩 | | |
|---|---|---|---|---|---|---|---|
| | | | | | 学生自检 | 小组互检 | 教师终检 |
| 1 | 尺寸公差 | $30^{+0.21}_{0}$ mm | 12 | 超差不得分 | | | |
| 2 | | $32^{0}_{-0.13}$ mm | 12 | | | | |
| 3 | | $20^{0}_{-0.11}$ mm | 12 | | | | |
| 4 | | $15^{0}_{-0.18}$ mm（两处） | 10×2 | | | | |
| 5 | 表面粗糙度 | $Ra{\leqslant}6.3\mu m$（8 处） | 3×8 | 每处超差扣 1 分 | | | |
| 6 | 操作规范 | 操作姿势正确、规范 | 5 | 操作不当，酌情扣分 | | | |
| 7 | | 正确操作机床设备、合理保养及维护 | 5 | 操作不当每次扣 2 分 | | | |
| 8 | | 工具、量具、刃具的合理使用与保养 | 5 | 使用不当每次扣 1 分 | | | |
| 9 | 安全文明生产 | 严格执行安全操作规程 | 3 | 违反一次规定扣 2 分 | | | |
| 10 | | 工作服穿戴正确 | 2 | 穿戴不整齐不得分 | | | |
| 11 | 工时定额 | 120min | | 超过 30min 为不合格 | | | |
| 合计 | | | | | | | |
| 教师总评意见： | | | | | | | |
| 问题及改进方法： | | | | | | | |

*检查评价单（台阶）*

## 问题思考

**简答题**

1．简述铣削台阶时铣刀的选择。

2．铣削台阶的方法有哪几种？

## 拓展练习

铣削加工练习，如图 4-44 所示：定位键零件的加工。

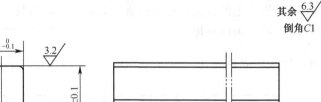

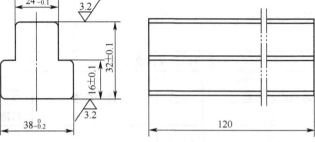

图 4-44　定位键零件

# 任务 6　铣削直角沟槽

**【知识要求】**

掌握铣削沟槽的方法和步骤。

**【技能要求】**

能够熟悉操作机床完成沟槽的加工，保证相关技术要求。

本任务通过直角沟槽的加工练习（如图 4-45 所示），使操作者进一步熟练铣床的操作、刀具的选择及其安装方法；熟练铣床附件及工件的安装方法，掌握铣削沟槽的加工方法和操作步骤。

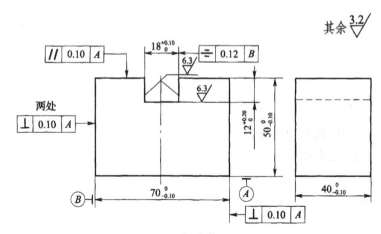

图 4-45　直角沟槽零件

## 相关知识

在铣床上可以加工多种沟槽，如直角沟槽、V型槽、T型槽、燕尾槽和锯断等。铣削的沟槽一般用来与其他零件相配合，所以对宽度、深度和长度尺寸以及槽侧面和底面的表面粗糙度、相对平行度均有一定的精度要求。

### 一、铣削直角沟槽

直角沟槽有通槽、半封闭槽和封闭槽三种，如图4-46所示。

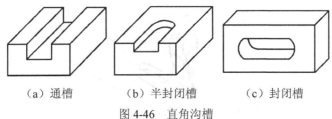

（a）通槽　　　（b）半封闭槽　　　（c）封闭槽

图4-46　直角沟槽

#### 1. 用三面刃铣刀铣削直角通槽

三面刃铣刀特别适用于加工较窄和较深的直角沟槽，如图4-47所示。铣刀宽度应小于或等于直角通槽的槽宽 B，即 L≤B。铣刀直径 D 应根据公式 D＞d+2H 计算，并按较小的直径选取。对于槽宽尺寸精度较高的沟槽，通常选择小于槽宽的铣刀，采用扩大法，分两次或两次以上铣削至要求。

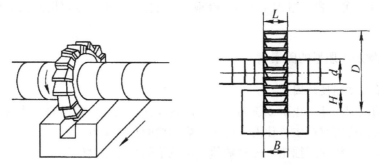

图4-47　用三面刃铣刀铣削直槽通槽

#### 2. 用立铣刀铣削半封闭槽和封闭槽

用立铣刀铣削半封闭槽时，铣刀直径应小于或等于槽的宽度，如图4-48所示。由于立铣刀的刚性较差，铣削时易产生"让刀"现象，造成铣刀折断，影响加工精度。铣削较深的槽时，可用分层铣削的方法，先粗铣至槽的深度尺寸，再扩铣至槽的宽度尺寸。

用立铣刀铣削封闭槽时，由于铣刀端面刀刃的中心部分不能垂直进给铣削工件，铣削前应在槽的一端预钻一个直径略小于立铣刀直径的落刀孔，并由此落刀进行铣削，如图4-49所示。

#### 3. 用键槽铣刀铣削封闭槽

采用键槽铣刀可以对工件进行垂直方向的进给，铣刀无需落刀孔，即可直接落刀对工件进行铣削加工。常用于加工高精度、较浅的半封闭槽和不穿通的封闭槽，如图 4-50 所示。

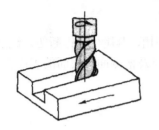

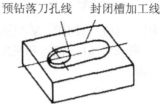

预钻落刀孔线　封闭槽加工线

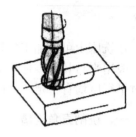

图 4-48　用立铣刀铣削半封闭槽　　　　　图 4-49　用立铣刀铣削封闭槽

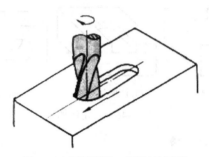

图 4-50　用键槽铣刀铣削封闭槽

### 二、沟槽的检测

直角沟槽的长度、宽度和深度一般使用游标卡尺、深度游标卡尺检测。工件尺寸精度较高时，槽的宽度尺寸可用极限量规（塞规）检测，其对称度或平行度可用游标卡尺或杠杆百分表检测。

### 三、影响沟槽加工质量的因素

1. 影响沟槽尺寸精度的因素
（1）选择的铣刀尺寸不正确或铣刀切削刃的跳动误差大，影响槽的尺寸精度。
（2）用立铣刀铣削时产生"让刀"现象，影响槽的尺寸精度。
（3）测量尺寸有错误或摇错刻度盘数值，影响槽的尺寸精度。

2. 影响沟槽形状、位置精度的因素
（1）对称度误差的产生主要与对刀、测量、扩铣加工时出现操作误差有关。
（2）平行度误差的产生主要与机用平口钳在机床上的安装精度及工件安装精度有关。
（3）槽的两侧面出现凹面的主要原因是工作台的零位不准确。

3. 影响表面质量的因素
（1）切削用量选择不当，如转速过低、进给量过大等。
（2）铣刀切削刃磨损严重。
（3）铣削过程中振动较大。
（4）铣削钢件时，没有合理地选用切削液。

任务实施

## 一、准备工作

1. X6132 型万能升降台铣床、机床用平口虎钳。

2. 三面刃铣刀，工件，相关工具、量具、辅具。

## 二、技能训练

直角沟槽零件的加工步骤如下：

步骤 1　读图，分析主要技术要求，检查毛坯尺寸并划出槽的加工线。

步骤 2　选择切削用量。

步骤 3　正确安装铣刀和工件。

（1）选择底面为定位基准。

（2）用机床用平口钳采用平行垫铁装夹工件，校正固定钳口与纵向工作台进给方向平行，并进行紧固。

（3）选择并安装铣刀（选择三面刃铣刀加工沟槽）。

步骤 4　对刀调整。

（1）调整工作台，使铣刀处于铣削位置，目测铣刀两侧刀刃与工件槽宽线对齐。

（2）启动机床，摇动垂直方向手柄，使铣刀与工件上表面刚刚接触，在垂向刻度盘上做好标记。

（3）切出刀痕，停机，检查刀痕是否与两侧面距离相等，调整试切至相等。

（4）紧固横向工作台，使工件先垂直方向后纵向退出。

步骤 5　铣直角沟槽

（1）操纵垂直方向手柄，调整铣削深度，切削至尺寸要求。

（2）操纵纵向手柄，铣削至槽宽尺寸要求。

● **特别提示**

调整铣削深度时，如深度过大，可分几次完成进给。铣削中不用的进给机构应紧固。

## 三、注意事项

1. 严格遵守车间安全操作规程。

2. 必须按规定操作步骤和要求进行练习，禁止进行与训练内容无关的其他操作。

3. 练习完毕，关闭机床电源开关；正确放置工具、夹具、刀具及工件。

4. 擦拭机床设备，清理工作场地。

### 四、检查评价，填写实训日志

| 序号 | 考核项目 | 考核内容及要求 | 配分 | 评分标准 | 成绩 | | |
|---|---|---|---|---|---|---|---|
| | | | | | 学生自检 | 小组互检 | 教师终检 |
| 1 | 尺寸公差 | $18^{+0.10}_{0}$ mm | 11 | 超差不得分 | | | |
| 2 | | $12^{+0.20}_{0}$ mm | 11 | | | | |
| 3 | | $70^{0}_{-0.10}$ mm | 6 | | | | |
| 4 | | $50^{0}_{-0.10}$ mm | 6 | | | | |
| 5 | | $40^{0}_{-0.10}$ mm | 6 | | | | |
| 6 | 形位公差 | // 0.05 B | 3×2 | | | | |
| 7 | | ⊥ 0.05 A | 5 | | | | |
| 8 | | 对称度要求 | 5 | | | | |
| 9 | 表面粗糙度 | Ra≤6.3μm（槽全部） | 3×8 | 每处超差扣 1 分 | | | |
| 10 | 操作规范 | 操作姿势正确、规范 | 5 | 操作不当，酌情扣分 | | | |
| 11 | | 正确操作机床设备、合理保养及维护 | 5 | 操作不当每次扣 2 分 | | | |
| 12 | | 工具、量具、刃具的合理使用与保养 | 5 | 使用不当每次扣 1 分 | | | |
| 13 | 安全文明生产 | 严格执行安全操作规程 | 3 | 违反一次规定扣 2 分 | | | |
| 14 | | 工作服穿戴正确 | 2 | 穿戴不整齐不得分 | | | |
| 15 | 工时定额 | 120min | | 超过 30min 为不合格 | | | |
| 合计 | | | | | | | |
| 教师总评意见： | | | | | | | |
| 问题及改进方法： | | | | | | | |

**问题思考**

### 一、填空题

1. 直角沟槽有_____、_____和_____三种形式。

2. 用立铣刀铣削封闭槽时，铣削前应加工一个直径_____立铣刀直径的落刀孔。

二、选择题

1．铣削较窄和较深的直角沟槽时，常采用（　　）。

   A．立铣刀　　　　　B．三面刃铣刀　　C．端铣刀　　　　　　D．圆柱形铣刀

2．影响沟槽尺寸精度的主要因素有（　　）。

   A．铣刀尺寸不正确　　　　　　　　B．出现"让刀"现象

   C．测量错误　　　　　　　　　　　D．操作方法不当

3．加工封闭式的直角沟槽时，主要采用（　　）

   A．立铣刀　　　　　B．三面刃铣刀　　C．端铣刀　　　　　　D．键槽铣刀

三、简答题

1．直角沟槽的形式有几种？

2．简述铣削直角沟槽的加工方法。

拓展练习

铣削带直角槽的方铁零件，如图 4-51 所示。

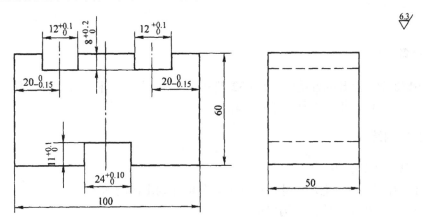

图 4-51　铣削带直角槽的方铁

# 任务 7　综合训练项目

学习目标

【知识要求】

掌握各种型面的铣削方法和步骤。

【技能要求】

能够熟悉操作机床，完成各种型面的加工，保证相关技术要求。

任务描述

本任务通过综合项目的练习（如图 4-52 所示），使操作者进一步掌握铣床的操作、刀具的选择及其安装方法；熟悉铣床附件及工件的安装方法，掌握各种型面的铣削加工方法和操作步骤。

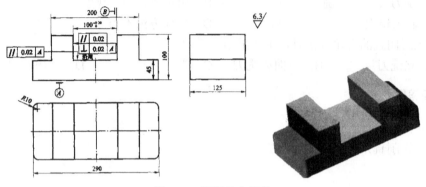

图 4-52　铣削综合训练

任务实施

**一、准备工作**

1．X6132 型万能升降台铣床、X5032 型立式升降台铣床、机床用平口虎钳。
2．铣刀，工件，相关工具、量具、辅具。

**二、技能训练**

零件的加工步骤如下：
步骤 1　看图，检查毛坯尺寸，进行工艺分析并划出槽的加工线。
步骤 2　选择机床，确定切削用量。
● **特别提示**：不同的加工表面在加工过程中，选择切削用量要适当。
步骤 3　正确安装铣刀和工件。
● **特别提示**
（1）铣刀应装夹牢固，防止铣削时松动，影响加工质量。
（2）夹具和工件安装应进行校正，定位基准面和接触表面应洁净，夹紧力应适当。
（3）选择立铣刀加工工件，进给量不能过大，防止产生"让刀"现象，影响加工质量。
步骤 4　对刀，调整机床至适当位置。
● **特别提示**：铣槽时应准确对刀并对中，保证两侧与工件中心对称。
步骤 5　铣削加工顺序。
（1）粗铣
① 粗铣下表面及各侧面，留精加工余量。

② 铣左、右两台阶，留底面精加工余量。

③ 铣直角沟槽各面，留精加工余量。

（2）精铣

① 校正基准，精铣底面、两侧面和左、右两端面，保证相互位置精度和表面粗糙度达到图样技术要求。

② 校正基准，精铣直角沟槽，保证尺寸精度、相互位置精度和表面粗糙度达到图样技术要求。

（3）去毛刺，清理。

（4）检验。

● **特别提示**

（1）加工过程中，应合理地选用切削液。

（2）操作时应注意观察，测量时要看清尺寸及技术要求，移动或转动刻度盘数值要准确。

### 三、注意事项

1．严格遵守车间安全操作规程。

2．必须按规定操作步骤和要求进行练习，禁止进行与训练内容无关的其他操作。

3．练习完毕，关闭机床电源开关；正确放置工具、夹具、刃具及工件。

4．擦拭机床设备，清理工作场地。

### 四、检查评价，填写实训日志

| 综合训练检查评价单 | | | | | | | |
|---|---|---|---|---|---|---|---|
| 序号 | 考核项目 | 考核内容及要求 | 配分 | 评分标准 | 成绩 | | |
| | | | | | 学生自检 | 小组互检 | 教师终检 |
| 1 | 尺寸公差 | $100^{+0.20}_{0}$ mm | 8 | 超差不得分 | | | |
| 2 | | 200mm | 6 | | | | |
| 3 | | 290mm | 6 | | | | |
| 4 | | 125mm | 6 | | | | |
| 5 | | 45mm | 6 | | | | |
| 6 | | 100mm | 6 | | | | |
| 7 | 形位公差 | // 0.02 A | 7 | | | | |
| 8 | | // 0.02 | 7 | | | | |
| 9 | | ⊥ 0.02 A | 7 | | | | |
| 10 | 表面粗糙度 | Ra≤6.3μm（槽全部） | 1×13 | 每处超差扣1分 | | | |
| 11 | 一般项目 | R10mm | 2×4 | | | | |
| 12 | 操作规范 | 操作姿势正确、规范 | 5 | 操作不当，酌情扣分 | | | |
| 13 | | 正确操作机床设备、合理保养及维护 | 5 | 操作不当每次扣2分 | | | |

续表

综合训练检查评价单

| 序号 | 考核项目 | 考核内容及要求 | 配分 | 评分标准 | 成绩 | | |
|---|---|---|---|---|---|---|---|
| | | | | | 学生自检 | 小组互检 | 教师终检 |
| 14 | 操作规范 | 工具、量具、刃具的合理使用与保养 | 5 | 使用不当每次扣1分 | | | |
| 15 | 安全文明生产 | 严格执行安全操作规程 | 3 | 违反一次规定扣2分 | | | |
| 16 | | 工作服穿戴正确 | 2 | 穿戴不整齐不得分 | | | |
| 17 | 工时定额 | 120min | | 超时酌情扣分 | | | |
| 合计 | | | | | | | |
| 教师总评意见： | | | | | | | |
| 问题及改进方法： | | | | | | | |

 拓展练习

铣削止动块零件，如图 4-53 所示。

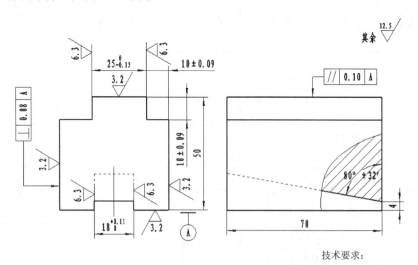

技术要求：
1. 未注公差尺寸按 GB 1804-m;
2. 锐边倒圆 R0.3。

图 4-53　止动块

# 项目五　磨削加工

　　磨削加工是用磨具（砂轮、油石、砂带等）以较高的线速度对工件表面进行加工的方法，其实质是用磨具上的磨料从工件表面层切除细微切屑的过程，是一种高速、多刃、微量的切削、刻划、滑擦的综合作用，故可获得较高的加工精度和表面质量，常作为车削、刨削、铣削、镗削的后续精加工。

　　由于磨具磨料的硬度极高，不仅能加工碳钢、铸铁等金属材料，还可以加工一般金属刀具难以加工的高硬度、高脆性材料，如淬火钢、硬质合金等，所以是机械制造中常用的加工方法。

　　为了满足磨削各种表面和生产批量的要求，磨床的种类很多，主要有平面磨床、外圆磨床、内圆磨床、工具磨床、刀具刃具磨床和各种专门化磨床。其主要加工范围如图 5-1 所示。

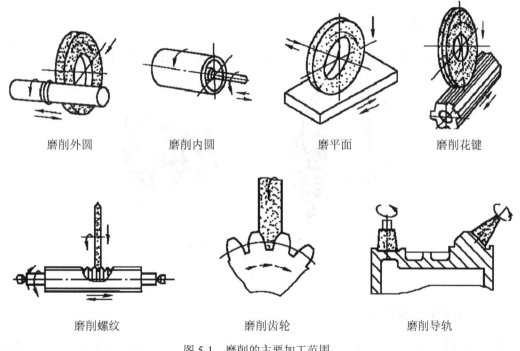

| 磨削外圆 | 磨削内圆 | 磨平面 | 磨削花键 |

| 磨削螺纹 | 磨削齿轮 | 磨削导轨 |

图 5-1　磨削的主要加工范围

　　本项目主要介绍常用磨床的主要部件、功用、操作，砂轮的选择、安装及不同型面的磨削方法。

# 任务 1　砂轮的选择

**【知识要求】**

掌握砂轮的组成、特性和种类。

**【技能要求】**

能够根据生产条件合理地选择和使用砂轮。

本任务主要介绍砂轮的组成、特性和种类，使操作者能够根据具体的生产条件，掌握合理选用砂轮的操作技能。

## 一、砂轮的组成

砂轮是磨削的主要工具，由磨料、结合剂、气孔三部分组成，如图 5-2 所示。

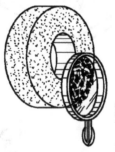　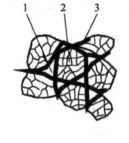

（a）砂轮　　　　　　　　（b）组成三要素

1-气孔；2-磨料；3-结合剂

图 5-2　砂轮的组成

## 二、砂轮的特性及种类

砂轮的特性由磨料、粒度、结合剂、硬度、组织、形状和尺寸、强度七个要素来衡量。各种不同特性的砂轮均有一定的加工范围，对磨削加工精度、表面质量和生产效率有着重要的影响。因此，必须根据具体生产条件合理地选择和使用砂轮。

1. 磨料

磨具（砂轮）中磨粒的材料称为磨料。它是砂轮的主要成分，担负着切削工作。因此，磨料应具有高硬度、耐磨性、耐热性以及一定的韧性和化学稳定性。常用的磨料一般分为氧化物、碳化物和超硬材料三类，见表 5-1。

表 5-1　常用磨料

| 类别 | 名称 | 代号 | 颜色 | 特性 | 用途 |
|---|---|---|---|---|---|
| 氧化物类 | 棕刚玉 | A | 棕色 | 硬度高，韧性好，磨削性能好，价格便宜 | 磨削碳钢、合金钢、可锻铸铁、硬青铜等 |
| | 白刚玉 | WA | 白色 | 比棕刚玉硬度高、韧性低，自锐性好，磨削时发热少 | 精磨淬火钢、高碳钢、高速钢及薄壁零件 |
| 碳化物类 | 黑色碳化硅 | C | 黑色深蓝色 | 硬度比白刚玉高，性脆而锋利，导热性和导电性良好 | 磨削铸铁。黄铜、铝、耐火材料及非金属材料 |
| | 绿色碳化硅 | GC | 绿色 | 硬度和脆性比 C 更高，导热性和导电性好 | 磨削硬质合金、光学玻璃、宝石、玉石、陶瓷、珩磨发动机气缸套等 |
| 超硬材料 | 人造金刚石 | SD | 无色透明淡黄色等 | 硬度高，比天然金刚石性脆，磨削性能好 | 磨削硬质合金、宝石等高硬度材料 |
| | 立方氮化硼 | CBN | 棕黑色 | 立方型晶体结构，硬度略低于金刚石，强度较高，化学稳定性好，导热性能好 | 适于磨削高硬度、高韧性的难加工材料 |

2. 粒度

粒度指磨料颗粒尺寸的大小，共规定了 41 个粒度号，分磨粒与微粉两组。磨粒用筛选法表示，如 60#、70#，粒度号越大，磨粒颗粒越小；微粉用磨粒的实际尺寸来表示，如 W20、W5。

磨料粒度的选择，主要与加工表面粗糙度要求、加工材料的力学性能和生产率有关。一般粗磨或加工较软、塑性大的材料时，应选用粗磨粒。因为磨粒粗、气孔大，磨削深度可较大，砂轮不易堵塞和发热。精磨或加工硬、脆性材料时，宜选用细磨粒。一般来说，磨粒愈细，磨削表面粗糙度愈好。

3. 结合剂

用来将分散的磨料颗粒黏结成具有一定形状和足够强度的磨具的材料。结合剂的种类和性质将影响砂轮的硬度、强度、耐腐蚀性、耐热性及抗冲击性等。常用的结合剂有陶瓷结合剂（代号 V）、树脂结合剂（代号 B）、橡胶结合剂（代号 R）等，其中以陶瓷结合剂最为常用。

4. 硬度

硬度是结合剂黏结磨料颗粒的牢固程度，它表示砂轮在外力（磨削抗力）作用下，磨料颗粒从砂轮表面脱落的难易程度。磨粒容易脱落的硬度低，称为软砂轮；磨粒不容易脱落的硬度高，称为硬砂轮。砂轮的硬度由软至硬分为 19 级，见表 5-2。

表 5-2　砂轮的硬度等级

| 等级名称 | 大级 | 超软 | 软 | | | 中软 | | 中 | | 中硬 | | | 硬 | | 超硬 |
|---|---|---|---|---|---|---|---|---|---|---|---|---|---|---|---|
| | 小级 | 超软 | 软1 | 软2 | 软3 | 中软1 | 中软2 | 中1 | 中2 | 中硬1 | 中硬2 | 中硬3 | 硬1 | 硬2 | 超硬 |
| 代号 | | A~F | G | H | J | K | L | M | N | P | Q | R | S | T | Y |

砂轮的硬度对磨削的加工精度和生产率影响较大。选择砂轮硬度的一般原则是：加工软材料时，为了使磨料不致过早脱落，应选用硬砂轮；加工硬材料时，为了能及时使磨钝的磨粒脱落，从而露出具有尖锐棱角的新磨粒（即自锐性），应选用软砂轮；一般的磨削应选用中等硬度的砂轮。此外，精磨时，为了保证磨削精度和表面粗糙度，应选用稍硬的砂轮。工件材料的导热性差，易产生烧伤和裂纹时（如磨硬质合金等），应选用稍软的砂轮。

5. 组织

砂轮的组织是指砂轮内部结构的疏密程度。

根据磨粒在整个砂轮中所占体积的比例不同，砂轮组织分成紧密（0～4）、中等（5～8）和疏松（9～14）三大类共 15 级，用组织号 0～14 表示。

一般磨削时，大多采用中等组织的砂轮。平面磨削、内圆磨削等硬度低、韧性大、与工件接触面积大的工件应选用疏松组织的砂轮。表面要求高、成型磨削或精密磨削时则选用紧密组织的砂轮。

6. 形状和尺寸

根据机床结构与磨削加工的需要，砂轮可以制成各种形状与尺寸。常用的砂轮形状、尺寸、代号及用途见表 5-3。砂轮的外径应尽可能选得大些，以提高砂轮的圆周速度，有利于提高磨削生产率、降低表面粗糙度值。

表 5-3　砂轮的形状、代号及用途

| 砂轮名称 | 简图 | 代号 | 主要用途 |
|---|---|---|---|
| 平形砂轮 | | P | 用于磨削外圆、内圆、平面和无心磨削等 |
| 双面凹砂轮 | | PSA | 用于磨削外圆、无心磨削和刃磨刀具 |
| 双斜边砂轮 | | PSX | 用于磨削齿轮和螺纹 |
| 筒形砂轮 | | N | 用于立式平面磨床上磨削平面 |
| 碟形砂轮 | | D | 用于磨削铣刀、铰刃、拉刀及齿轮的齿形 |

| 砂轮名称 | 简图 | 代号 | 主要用途 |
|---|---|---|---|
| 碗形砂轮 | 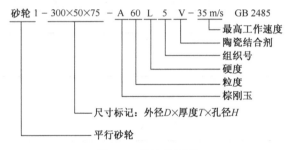 | BW | 用于磨削导轨及刃磨刀具 |

### 7. 强度

在惯性力作用下，砂轮抵抗破碎的能力。通常用最高工作速度表示。

### 三、砂轮的标记

磨具的标记由磨具名称、形状代号、尺寸标记、磨料代号、粒度代号、磨具硬度、组织号、结合剂代号和强度组成，如图5-3所示为砂轮的标记。

$$砂轮\ 1-300×50×75-A\ 60\ L\ 5\ V-35\ m/s\quad GB\ 2485$$

最高工作速度
陶瓷结合剂
组织号
硬度
粒度
棕刚玉
尺寸标记：外径D×厚度T×孔径H
平行砂轮

图 5-3　砂轮的标记

### 一、准备工作

准备各种形状尺寸的砂轮及其他相关工具、辅具。

### 二、技能训练

1. 能够识读砂轮的标记，掌握砂轮特性及种类的相关知识。
2. 认识和熟悉各种砂轮的代号及用途。
3. 能够根据具体的生产条件，合理地选择和使用砂轮。

### 三、注意事项

1. 严格遵守车间安全操作规程。
2. 必须按规定操作步骤和要求进行练习，禁止进行与训练内容无关的其他操作。
3. 练习完毕，正确放置砂轮。
4. 清理工作场地。

## 四、检查评价，填写实训日志

| 序号 | 考核项目 | 考核要求及评分标准 | 分值 | 成绩 | | |
|---|---|---|---|---|---|---|
| | | | | 学生自检 | 小组互检 | 教师终检 |
| 1 | 熟悉磨削实训中心场地，了解磨削安全操作规程 | 按掌握情况总体评价 | 10 | | | |
| 2 | 了解砂轮特性，识读砂轮标记 | 按掌握情况总体评价 | 30 | | | |
| 3 | 能够合理选择砂轮 | 按掌握情况总体评价 | 30 | | | |
| 4 | 安全文明生产 | 严格遵守安全操作规程，按要求着装；操作规范，无操作失误；认真操作，维护车床 | 20 | | | |
| 5 | 团队协作 | 小组成员和谐相处，互帮互学 | 10 | | | |
| 合计 | | | | | | |

检查评价单

教师总评意见：

问题及改进方法：

**问题思考**

### 一、填空题

1. 砂轮主要由_____、_____和_____三部分组成。

2. 砂轮的特性由磨料_____、_____、_____、_____、形状和尺寸、强度七个要素衡量。

3. 制造砂轮的磨料一般分为_____、_____和_____三类。

4. 粗磨或加工较软材料时一般应选择_____，可提高_____，防止砂轮_____。

5. 用来制造砂轮的结合剂有_____、_____和_____三类，其中_____最常用。

6. 选择砂轮的硬度时，一般原则是：加工软材料选择_____，加工硬材料选择_____。

### 二、选择题

1. 精磨或加工硬脆材料时，宜选用（    ）砂轮。

    A．粗磨粒        B．细磨粒        C．软        D．硬

2. 砂轮的硬度是指（    ）。

    A．磨料的硬度               B．内部结构的疏密程度

C．磨料从砂轮表面脱落的难易程度　　D．结合剂黏结磨粒的牢固

3．砂轮的自锐作用可以（　　）。

A．提高工件的表面质量　　　　　　B．修正砂轮形状的失真

C．免除砂轮的修整工作　　　　　　D．使砂轮保持良好的磨削性能

### 三、简答题

1．什么是磨削？什么是磨具？普通磨削时应用的磨具是什么？

2．砂轮由哪几部分组成？衡量砂轮的特性的要素有哪些？

3．什么是磨料？制造砂轮的磨料有哪几种？

4．什么是磨料的粒度？有多少个粒度代号？怎么表示？

5．砂轮的硬度与磨粒的硬度有什么不同？"砂轮的硬度高，磨粒的硬度也一定高"的说法是否正确，说明理由。

6．砂轮的强度用什么表示？

进行砂轮标记的识读练习，并结合不同的加工材料，合理地选择和使用砂轮。

## 任务2　砂轮的安装、平衡和修整

【知识要求】

了解砂轮的安装、平衡和修整相关知识。

【技能要求】

能够熟练掌握砂轮的安装、平衡、修整的操作方法。

本任务主要介绍砂轮的安装、平衡和修整相关知识，使操作者熟练掌握砂轮的安装、平衡、修整的操作技能。

1．砂轮的安装

在磨床上安装砂轮时应严格按安装要求进行。因砂轮转速很高，如安装不当，会使砂轮破裂飞出，造成事故。砂轮安装前一般要进行裂纹检查，先通过外观检查确认砂轮表面无裂纹，

然后将砂轮吊起，用木锤轻击，声音清脆的是没有裂纹的好砂轮，如响声沙哑，则砂轮有裂纹，严禁使用有裂纹的砂轮。

直径较大的砂轮均用法兰盘安装，法兰盘的底盘和压盘必须相同，且不小于砂轮外径的1/3。砂轮和法兰盘之间应放置0.5～1.0mm的弹性材料（如皮革、橡胶、毛毡等）制成的衬垫，如图5-4所示。

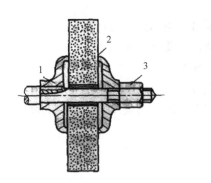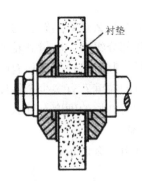

1-法兰盘；2-弹性衬垫；3-紧固螺母

图5-4　砂轮的安装

砂轮内孔与砂轮轴或法兰盘外圆之间不能过紧，否则磨削时受热膨胀，易将砂轮胀裂；也不能过松，否则砂轮容易发生偏心，失去平衡，引起振动。一般配合间隙为0.1～0.8mm为宜。紧固时螺母不能拧得过紧，以保证砂轮受力均匀。

直径较小的砂轮直接使用黏结剂紧固。

**2. 砂轮的平衡**

由于砂轮各部分密度不均匀、几何形状不对称以及安装偏心等原因，往往造成砂轮重心与其旋转中心不重合，即产生不平衡现象。

不平衡的砂轮在高速旋转时会产生振动，影响磨削质量和机床精度，严重时还会导致砂轮碎裂发生事故。因此，安装砂轮前必须进行平衡。

砂轮的平衡有静平衡和动平衡两种。一般情况下，只须作静平衡，但在高速磨削（线速度大于50m/s）和高精度磨削时，必须进行行动平衡。

砂轮的静平衡主要使用平衡架、平衡心轴及水平仪等工具，通过手工操作调整砂轮静平衡，如图5-5和图5-6所示。

**3. 砂轮的修整**

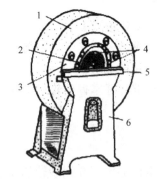

1-砂轮；2-平衡心轴；3-法兰盘；4-平衡块；5-平衡轨道；6-平衡架

图5-5　砂轮的静平衡

在磨削过程中，砂轮的磨粒在摩擦、挤压作用下逐渐变钝，或磨屑嵌塞在砂轮表面的孔隙中，堵塞砂轮表面，使砂轮与工件之间产生打滑现象，引起振动和出现噪音；同时，随着磨削力及磨削热的增加，引起工件变形或磨削表面出现烧伤和细小裂纹；此外，砂轮硬度的不均匀及磨粒工作条件的不同，使砂轮各部位磨粒脱落不均匀，致使砂轮丧失外形精度，都会影响工件加工精度和表面质量。因此，磨钝的砂轮就必须进行修整。

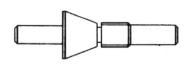
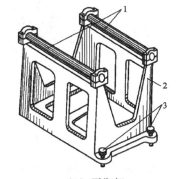

（a）平衡心轴　　　　　　　　　　（b）平衡架

1-导柱；2-支架；3-螺钉

图 5-6　砂轮的静平衡工具

砂轮的修整一般采用金刚石刀具，用车削法切去表面的一层磨料，使砂轮表面重新露出光整锋利的磨粒，以恢复砂轮的切削能力与外形精度。修整时应对刀具充分冷却，以避免金刚石刀具因温度剧升而破裂。

### 一、准备工作

1．平衡架、平衡块、平衡心轴、水平仪、金刚石修整器、修整器定位器等。

2．待平衡砂轮及其他相关工具、辅具。

### 二、技能训练

（一）砂轮的安装、平衡练习

1．砂轮安装前的检查

（1）检查砂轮的牌号是否正确，形状、尺寸及性能是否满足使用要求；

（2）用目测法检查砂轮的外观是否有损坏；

（3）用声音检查法（即敲击试验）检查砂轮；

（4）检查磨床和砂轮之间的转速是否相符，使用砂轮时严禁超出砂轮所限定的最高安全使用速度。

2．砂轮的静平衡

砂轮的静平衡如图 5-7 所示。

步骤 1　用水平仪调整平衡架至水平位置。

● **特别提示**：调整平衡架时，螺钉应做微量调整。

步骤 2　砂轮静平衡的操作步骤。

（1）将平衡心轴装入法兰盘锥孔中，并用螺母锁紧。然后将安装好平衡心轴的砂轮轻放在平衡架圆柱导轨上，并使平衡心轴与圆柱导轨轴线垂直。

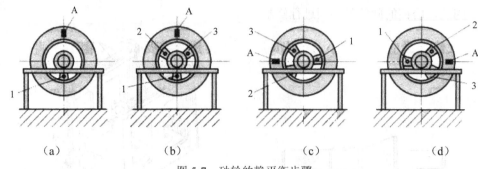

（a）　　　　　　（b）　　　　　　（c）　　　　　　（d）

图 5-7　砂轮的静平衡步骤

（2）拆下法兰盘上的全部平衡块，并清除环形槽内的污垢。

（3）让砂轮在圆柱导轨上做缓慢滚动，若砂轮不平衡，则会在轻、重连线的垂直方向做来回摆动，当摆动停止时，砂轮较重部分必然在砂轮下方。此时，在砂轮上方较轻处做一记号，如图 5-7（a）所示的 A 点。

（4）在砂轮较重的下方上第一块平衡块 1，并使记号 A 仍在原位不变，然后在对称于记号 A 点的左右两侧装上另外两块平衡块 2 和 3，如图 5-7（b）所示，同样应保持 A 点位置不变。

（5）将砂轮转过 90°，使 A 点处于水平位置，如图 5-7（c）所示。若不平衡，可移动平衡块 3，如 A 点较轻，将平衡块 3 向 A 靠拢；如 A 点较重，将平衡块 3 向远离 A 点处移开。

（6）再将砂轮转过 180°，使 A 点处于如图 5-7（d）所示的位置，检查砂轮平衡状况，若不平衡，用（5）的方法移动平衡块 2。

（7）将（5）、（6）结合起来反复调整，使砂轮在其他任何位置都能静止，即达到平衡。

● **特别提示**

（1）一般新安装的砂轮必须进行两次静平衡，第二次平衡必须检查 8 点以上。

（2）转动砂轮时应轻微、缓慢。

（3）随时保证平衡心轴与平衡架圆柱导轨垂直。

（4）平衡块应微量移动，砂轮平衡后应紧固平衡块。

3．砂轮的安装练习

● **特别提示**：紧固时螺母不能拧得过紧，应使砂轮受力均匀。

（二）砂轮的修整

1．在平面磨床用金刚石修整器修整砂轮，如图 5-8 所示。

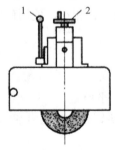

1-砂轮修整器进给手柄；2-修整器进给刻度盘

图 5-8　用金刚石修整器修整砂轮

（1）启动砂轮和切削液马达。

（2）打开砂轮罩的盖子，将修整器进给手柄拉于身前。

（3）轻轻地转动修整器进给刻度盘，使修整器的尖端接触砂轮的外缘。

（4）将修整器进给手柄退回到原处，盖上砂轮罩的盖子。

（5）打开阀门，使切削液喷出。

（6）根据修整器进给刻度盘的刻度使修整器进给，往复操作修整器的进给手柄进行修整，调整适当的进给速度，一般粗磨为 250～500 mm/min，精磨为 100～250 mm/min。

（7）将砂轮的棱角制成适当的圆角。

2．在平面磨床上，用装在座上的修整器修整砂轮，如图 5-9 所示。

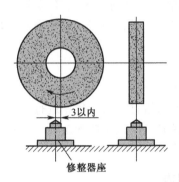

图 5-9　用装在座上的修整器修整砂轮

（1）将电磁吸盘台面及修整器的底面用棉纱擦净，将定位器安装于电磁吸盘的中央位置。

（2）调整修整器位置，使金刚石与砂轮中心保持一定的偏移量。

（3）启动砂轮和切削液马达，降低砂轮，至修整器的尖端稍碰到砂轮外圆，并将砂轮头上、下手柄的刻度对准零线。

（4）打开阀门，使切削液喷出。

（5）降低砂轮，使其进给，滑板匀速地前后进给进行修整。

（6）将砂轮的棱角制成适当的圆角。

（7）待砂轮离开修整器停转后，再从电磁吸盘上取下修整器。

3．在外圆磨床上修整砂轮，如图 5-10 所示。

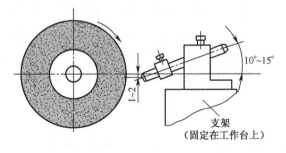

图 5-10　在外圆磨床上用修整器修整砂轮

（1）将金刚石修整器装于支架的装夹孔内，用螺钉紧固。

（2）金刚石与砂轮的接触点应比砂轮轴线低 1～2mm，刀杆向上倾斜 10°～15°，同时在水平方向与砂轮轴线倾斜 20°～30°。

  （3）调整工作台的挡铁位置，确定工作台行程。

  （4）调整工作台的自动进给速度。

  （5）调整金刚石修整器与砂轮的位置，使其尖端轻触砂轮。

  （6）打开切削液阀门，使切削液喷出。

  （7）调整工作台自动进给，进行砂轮修整。

  （8）停止机床，检查修整器的位置是否合适，精修整至要求。

 ● **特别提示**

  （1）修整前，要检查修整工具焊接是否牢固，如发现有松动，应立即停止使用。

  （2）在启动砂轮架快进手柄时，应尽量使修整工具避开砂轮，以免碰撞、损坏修整工具。

  （3）修整时，应及时对修整工具进行冷却，以免金刚石碎裂或烧伤。

### 三、注意事项

1. 严格遵守车间安全操作规程。
2. 必须按规定操作步骤和要求进行练习，禁止进行与训练内容无关的其他操作。
3. 练习完毕，关闭机床电源开关；正确放置工具、夹具、刃具及工件。
4. 擦拭机床设备，清理工作场地。

### 四、检查评价，填写实训日志

| 检查评价单 | | | | | | |
|---|---|---|---|---|---|---|
| 序号 | 考核项目 | 考核要求及评分标准 | 分值 | 成绩 | | |
| | | | | 学生自检 | 小组互检 | 教师终检 |
| 1 | 砂轮安装前的检查工作 | 漏项不得分 | 10 | | | |
| 2 | 砂轮的安装练习 | 按操作步骤酌情扣分 | 30 | | | |
| 3 | 砂轮的静平衡 | 按操作步骤酌情扣分 | 20 | | | |
| 4 | 砂轮的修整 | 按操作步骤酌情扣分 | 20 | | | |
| 5 | 安全文明生产 | 严格遵守安全操作规程，按要求着装；操作规范，无操作失误；认真操作，维护车床 | 10 | | | |
| 6 | 团队协作 | 小组成员和谐相处，互帮互学 | 10 | | | |
| 合计 | | | | | | |
| 教师总评意见： | | | | | | |
| 问题及改进方法： | | | | | | |

### 一、填空题

1．砂轮安装前一般要进行裂纹检查，主要的检查方法有_____和_____。

2．用法兰盘装夹砂轮时，法兰盘的底盘和压盘必须_____，且不小于砂轮外径的_____。

3．砂轮的重心与_____不重合时，会造成砂轮的不平衡现象。砂轮的平衡方法有_____和_____。

4．砂轮的修整一般采用_____刀具，用车削法切去表面的一层磨料，以恢复砂轮的_____。

### 二、简答题

1．砂轮安装前一般要进行哪些检查工作？

2．为什么要对磨钝的砂轮进行修整？

3．简述砂轮静平衡的操作步骤。

熟练掌握砂轮的安装、平衡和修整的方法和操作步骤。

## 任务 3　M7120A 型平面磨床的基本操作

【知识要求】

1．了解 M7120A 型平面磨床的类型、加工运动和应用范围。

2．掌握 M7120A 型平面磨床的主要部件及功用。

【技能要求】

掌握 M7120A 型平面磨床的基本操作技能。

本任务主要介绍 M7120A 型平面磨床的类型、加工运动、主要部件及功用，使操作者能够熟练掌握 M6120A 型平面磨床的操作技能。

## 一、平面磨床的类型

平面磨床按其砂轮轴线的位置和工作台的结构特点，可分为卧轴矩台平面磨床、立轴矩台平面磨床、卧轴圆台平面磨床、立轴圆台平面磨床等几种类型，如图 5-11 所示。其中，卧轴矩台式平面磨床应用最广。

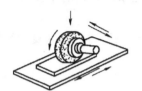 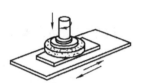 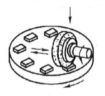 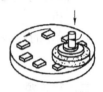

卧轴矩台平面磨床　　　　立轴矩台平面磨床　　　　卧轴圆台平面磨床　　　　立轴圆台平面磨床

图 5-11　平面磨床的类型

## 二、M7120A 平面磨床的主要结构

M7120A 型平面磨床是一种常用的卧轴矩台平面磨床，主要由床身、立柱、工作台、磨头、修整器等主要部件组成，其外形如图 5-12 所示。

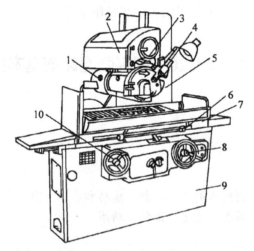

1-磨头；2-床鞍；3-横向手轮；4-修整器；5-立柱；
6-撞块；7-工作台；8-升降手轮；9-床身；10-纵向手轮

图 5-12　M6120A 卧轴矩台平面磨床

M7120A 型卧轴矩台平面磨床的主要组成部件及作用如下：

矩形工作台安装在床身的水平纵向导轨上，由液压传动系统实现纵向直线往复移动，利用撞块 6 自动控制换向。此外，工作台也可用纵向手轮 10 通过机械传动系统手动操纵往复移动或进行调整工作。工作台上装有电磁吸盘，用于固定、装夹工件或夹具。

装有砂轮主轴的磨头可沿床鞍 2 上的水平燕尾导轨移动，磨削时的横向步进进给和调整时的横向连续移动由液压传动系统实现，也可用横向手轮 3 手动操纵。

磨头的高低位置调整或垂直进给运动由升降手轮 8 操纵，通过床鞍沿立柱的垂直导轨移动来实现。

### 三、平面磨床的切削运动

M7120A 型卧轴矩台平面磨床运动示意图如图 5-13 所示。

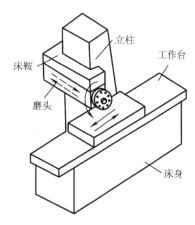

图 5-13　M6120A 卧轴矩台平面磨床运动示意图

**1．主运动**

主运动是磨头主轴上砂轮的回转运动。

**2．进给运动**

（1）工作台的纵向进给运动：由液压传动系统实现，移动速度范围为 1～18 m/min。

（2）砂轮的横向进给运动：在工作台每往复行程终了时，由磨头沿床鞍的水平导轨横向步进实现。

（3）砂轮的垂直进给运动：手动使床鞍沿立柱垂直导轨上下移动，用以调整磨头的高低位置和控制磨削深度。

### 一、准备工作

1．M7120A 型卧轴矩台平面磨床一台。

2．调整操作磨床所需的工具、辅具准备。

### 二、技能训练

（一）认识和熟悉机床

1．熟悉电源开关、砂轮、液压泵"启动""停止"等按钮的位置。

2．熟悉机床各操纵手柄的位置。

（二）工作台的操作

**1.　液压操作步骤练习**

（1）按液压泵"启动"按钮，启动液压泵。

（2）调整工作台行程挡铁至两极限位置。

（3）在液压泵工作数分钟后，扳动工作台，启动调速手柄，向顺时针方向转动，使工作台从慢到快进行运动。

（4）扳动工作台换向手柄，使工作台往复换向 2～3 次，检查动作是否正常，然后使工作台自动换向运动。

**2.　手动操作步骤练习**

（1）扳动工作台启动调速手柄，向逆时针方向转动，使工作台从快到慢直至停止运动。

（2）摇动工作台纵向手轮，工作台做纵向进给运动，手轮顺时针方向转动，工作台向右移动；手轮逆时针方向转动，工作台向左移动。

● **特别提示**

电磁吸盘的台面要保持平整、光洁，如发现有划伤现象，应及时用油石修整，以延长电磁吸盘的使用寿命。

（三）磨头的操作

**1.　磨头的横向液动进给**

磨头的横向液动进给如图 5-14 所示。

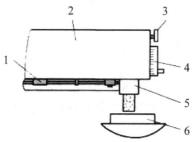

1-挡铁；2-滑板；3-换向手柄；4-磨头横向进给手轮；5-磨头

图 5-14　磨头横向进给示意图

（1）向左转动磨头液动进给旋钮，使磨头从慢到快做连续进给；调节磨头左侧槽内挡铁的位置，使磨头在电磁吸盘台面全程范围内横向往复移动，实现横向进给。

（2）向右转动磨头液动进给旋钮，使磨头在工作台纵向运动换向时做横向断续进给；进给量可在 1～12 mm 范围内调节。磨头断续或连续进给需要换向时，可操纵工作台换向手柄，手柄向外拉出，磨头向外进给；手柄向里推进，磨头向里进给。

**2.　磨头的横向手动进给**

当用砂轮端面进行横向进给磨削时，砂轮需停止横向液动进给。操作时，应将磨头液动进给旋钮旋至中间停止位置；然后手摇磨头横向进给手轮，使磨头做横向进给，顺时针方向摇动手轮，磨头向外移动；逆时针方向摇动手轮，磨头向里移动。手轮每格进给量为 0.01 mm。

**3.　磨头的垂直自动升降**

磨头垂直自动升降是由电气控制的。操纵时，先把垂直进给手轮向外拉出，使操纵箱内的齿轮脱开，然后按动磨头自动上升按钮，滑板沿导轨向上移动，带动磨头垂直上升；按动磨头自动下降按钮，滑板向下移动，磨头垂直下降；松开按钮，磨头就停止升降。磨头的自动升降一般用于磨削前的预调整，以减轻劳动强度，提高生产效率。

4. 磨头的垂直手动进给

磨头的进给是通过摇动垂直进给手轮完成的。操纵时，把手轮向里推紧，使操纵箱内齿轮啮合，摇动手轮，磨头垂直上下移动。手轮顺时针方向摇动一圈，磨头就下降 1 mm；每格进给量为 0.005mm。

● **特别提示**

（1）磨头在做横向或垂直进给前，应先对立柱导轨、磨头导轨、滚动螺母等进行润滑。

（2）磨头自动下降时要注意安全，不要在砂轮与工件相距很近时才松开按钮，以免由于惯性使砂轮撞到工件上。

（四）砂轮的启动

为了保证砂轮主轴使用的安全，在启动砂轮前，必须先启动润滑泵，使砂轮主轴得到充分润滑，保证砂轮启动时的安全。

操作时，在润滑泵启动约 3 min 后，先按动砂轮低速启动按钮，使砂轮做低速运转；运转正常后，再按动砂轮高速启动按钮，使砂轮做高速运转；磨削结束后，按动砂轮停止按钮，砂轮停止运转。若润滑泵不启动，砂轮是无法启动的。

● **特别提示**

变换砂轮速度时，必须先按停止按钮，然后再变换速度。从高速变换到低速时，必须在砂轮速度降低后再启动，以免损坏机床。

### 三、注意事项

1. 严格遵守车间安全操作规程。
2. 必须按规定操作步骤和要求进行练习，禁止进行与训练内容无关的其他操作。
3. 练习完毕，关闭机床电源开关。
4. 擦拭机床，清理工作场地。

### 四、检查评价，填写实训日志

| 检查评价单 | | | | | | |
|---|---|---|---|---|---|---|
| 序号 | 考核项目 | 考核要求及评分标准 | 分值 | 成绩 | | |
| | | | | 学生自检 | 小组互检 | 教师终检 |
| 1 | 认识平面磨床，熟悉平面磨床各操纵手柄位置 | 按熟练程度酌情扣分 | 10 | | | |
| 2 | 工作台的操作练习 | 按熟练程度酌情扣分 | 20 | | | |
| 3 | 磨头的操作练习 | 按熟练程度酌情扣分 | 20 | | | |
| 4 | 砂轮的启动 | 操作正确熟练，示熟练程度酌情扣分 | 20 | | | |
| 5 | 机床的保养维护 | 酌情扣分 | 10 | | | |

续表

| 序号 | 考核项目 | 考核要求及评分标准 | 分值 | 成绩 | | |
|---|---|---|---|---|---|---|
| | | | | 学生自检 | 小组互检 | 教师终检 |
| 6 | 安全文明生产 | 严格遵守安全操作规程，按要求着装；操作规范，无操作失误；认真操作，维护车床 | 10 | | | |
| 7 | 团队协作 | 小组成员和谐相处，互帮互学 | 10 | | | |
| 合计 | | | | | | |
| 教师总评意见： | | | | | | |
| 问题及改进方法： | | | | | | |

### 一、填空题

1. 平面磨床按其砂轮轴线的位置分为_____和_____两种，按其工作台的结构特点又分为_____和_____。其中 M7120A 型平面磨床属于_____形式。

2. M7120A 型平面磨床工作台的纵向进给运动由_____系统实现，故磨削过程平稳。

3. M7120A 型平面磨床的工作台采用_____，用于固定工件、装夹工件或夹具。

### 二、简答题

1. 平面磨床的类型有哪些？

2. 简述平面磨床的运动形式、主要部件及其功用。

熟悉 M7120A 型卧轴矩台平面磨床的作用方法和操作步骤。

## 任务 4　磨削平面

### 【知识要求】
掌握工件在平面磨床上的安装方法以及磨削平面的方法和步骤。

**【技能要求】**

能够熟悉操作机床，完成平面的加工，保证相关技术要求。

**任务描述**

本任务通过平板零件的磨削练习（如图 5-15 所示），使操作者进一步掌握平面磨床的操作、砂轮的选择及其工件的安装方法，熟练掌握磨削平面的加工方法和操作步骤。

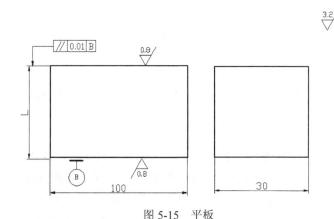

图 5-15　平板

**相关知识**

## 一、平面磨削的方法

在平面磨床上，磨削平面有圆周磨削和端面磨削两种形式。

卧轴矩台和卧轴圆台平面磨床的磨削平面属圆周磨削形式。圆周磨削时，砂轮与工件的接触面积小，生产率低，但散热和排屑条件好，砂轮磨损均匀，工件变形小，因此磨削精度高。这种磨削方式适合于各种平面的磨削，平面度可达 0.01～0.02mm/100mm，表面粗糙度 Ra 可达 0.8～0.2μm，一般用于磨削各种板条状的中小型零件和磨削齿轮等盘套类零件的端面。

磨削平面的主要方法有以下几种。

1. 横向磨削法

横向磨削法如图 5-16（a）所示。这种磨削法是当工作台每次纵向行程终了时，磨头作一次横向进给，等到工件表面上第一层金属磨削完毕，砂轮按预选磨削深度作一次垂直进给。接着照上述过程逐层磨削，直至把全部余量磨去，使工件达到所需尺寸。粗磨时，应选较大垂直进给量和横向进给量，精磨时两者则均应选较小值。

这种方法适用于磨削宽长工件，也适用于相同小件按序排列集合磨削。

2. 深度磨削法

深度磨削法如图 5-16（b）所示，这种磨削法又称切入磨削法。磨削时，砂轮只作两次垂直进给，第一次垂直进给量等于全部粗磨余量，当工作台纵向行程终了时，将砂轮横向移动

3/4～4/5 的砂轮宽度，直到切除工件整个表面的粗磨余量为止；第二次垂直进给量等于精磨余量，其磨削过程与横向磨削法相同。

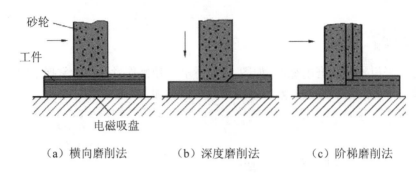

（a）横向磨削法　　　（b）深度磨削法　　　（c）阶梯磨削法

图 5-16　平面磨削方法

深度磨削法垂直进给次数少，生产率高，但磨削抗力大，仅适用在功率大、刚性好的磨床上磨削较大的工件。

**3. 阶梯磨削法**

阶梯磨削法如图 5-16（c）所示。这种磨削方法是按工件余量的大小，将砂轮修整成阶梯形，使其在一次垂直进给中磨去全部余量。用于粗磨的各阶梯宽度和磨削深度都应相同，精磨时，阶梯的宽度则应大于砂轮宽度的 1/2，磨削深度等于精磨余量（0.03～0.05mm）。

阶梯磨削法由于磨削用量分配在各段阶梯的轮面上，各段轮面的磨粒受力均匀，磨损也均匀，能较多地发挥砂轮的磨削性能，故生产率高。但砂轮修整工作较为麻烦，横向进给量不能过大，应用上受到一定限制。

**二、工件的安装**

（1）对于钢、铸铁等导磁性材料制成的中小型零件，一般靠电磁吸盘产生的磁力直接安装，如图 5-17 所示。

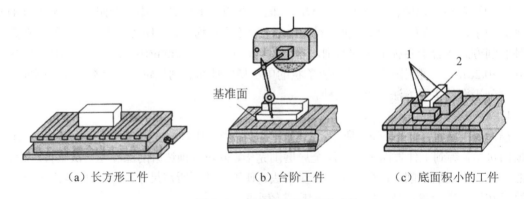

（a）长方形工件　　　（b）台阶工件　　　（c）底面积小的工件

图 5-17　在电磁吸盘上直接安装

（2）对于铜、铝及其合金以及陶瓷等非导磁性材料，可采用精密平口钳、专用夹具等导磁夹具进行安装，如图 5-18 所示。

（3）其他装夹方法如图 5-19 所示。

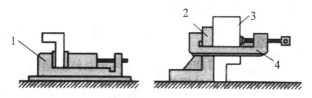

1-精密机床用平口钳；2-精密角铁；3-工件；4-C 形虎钳

图 5-18　精密虎钳装夹

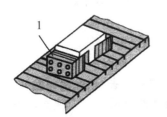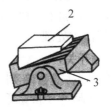

1-导磁铁；2-工件；3-回转式电磁吸吸盘

图 5-19　其他装夹方法

任务实施

## 一、准备工作

1. M7120A 型卧轴矩台平面磨床。
2. 工件、消磁器及相关工具、量具、辅具。

## 二、技能训练

平板的加工步骤如下：

步骤 1　看图并检查毛坯尺寸，计算加工余量。

步骤 2　选择正确方法安装工件。

（1）将工件置于工作台中央位置，使工件侧面与工作台纵向平行，吸牢工件。

（2）检查工件吸附情况。

● **特别提示**：安装工件时，工件定位面应清理干净，磁性台面应保持清洁。

步骤 3　调整工作台行程至合适位置。

步骤 4　选择合适的切削用量。

步骤 5　磨削平面加工顺序。

（1）磨削平面 1

① 启动油压马达，使砂轮轴启动，手动进给溜板和工作台。

② 使工作台进行油压驱动。

③ 转动砂轮上下手柄，使砂轮慢慢地降低并接触工件的表面。

④ 移动工作台，使砂轮离开工件方能吃刀。

⑤ 一次吃刀 0.02～0.04 mm，使切削液喷出，启动油压驱动装置使工作台左右自动进给，同时手动将溜板前后进给，磨削整个平面。

⑥ 精磨时背吃刀量为 0.005～0.01 mm，分段进行磨削，最后进行 2～3 次光磨。

⑦ 将油压驱动手柄拉于身前，使工作台停止运动，切断电磁吸盘的励磁电源，取下工件。

（2）磨削其他表面

① 擦净工件加工面 1，检查磨削余量。

② 清扫电磁吸盘表面，更换工件磨削面，用吸盘吸牢。

③ 用磨削平面 1 的要领加工其他表面至要求。

步骤 6　对工件进行消磁处理。

● **特别提示**

（1）每加工完一个平面后，注意用油石倒角、去毛刺。

（2）砂轮在工件边缘越出砂轮宽度的 1/2 距离时应立即换向，不能全部越出工件后再换向，以避免产生塌角。

### 三、注意事项

1．严格遵守车间安全操作规程。

2．必须按规定操作步骤和要求进行练习，禁止进行与训练内容无关的其他操作。

3．练习完毕，关闭机床电源开关；正确放置工具、夹具、刃具及工件。

4．擦拭机床设备，清理工作场地。

### 四、检查评价，填写实训日志

| 检查评价单（平板） | | | | | | | |
|---|---|---|---|---|---|---|---|
| 序号 | 考核项目 | 技术要求 | 配分 | 评分标准 | 成绩 | | |
| | | | | | 学生自检 | 小组互检 | 教师终检 |
| 1 | 尺寸公差 | L=20±0.01mm | 30 | 超差不得分 | | | |
| 2 | | 30mm | 17 | | | | |
| 3 | | 100mm | 17 | | | | |
| 4 | 表面粗糙度 | Ra≤0.8μm（两处） | 5×2 | 每处超差扣 5 分 | | | |
| 5 | | Ra≤3.2μm（两处） | 3×2 | 每处超差扣 3 分 | | | |
| 6 | 操作规范 | 操作姿势正确、规范 | 3 | 操作不当，酌情扣分 | | | |
| 7 | | 正确操作机床设备、合理保养及维护 | 5 | 操作不当每次扣 2 分 | | | |
| 8 | | 工具、量具、刃具的合理使用与保养 | 4 | 使用不当每次扣 1 分 | | | |
| 9 | 安全文明生产 | 严格执行安全操作规程 | 5 | 违反一次规定扣 2 分 | | | |
| 10 | | 工作服穿戴正确 | 2 | 穿戴不整齐不得分 | | | |

续表

<table>
<tr><th colspan="6">检查评价单（平板）</th></tr>
<tr><th rowspan="2">序号</th><th rowspan="2">考核项目</th><th rowspan="2">技术要求</th><th rowspan="2">配分</th><th rowspan="2">评分标准</th><th colspan="3">成绩</th></tr>
<tr><th>学生自检</th><th>小组互检</th><th>教师终检</th></tr>
<tr><td>11</td><td>工时定额</td><td>180min</td><td></td><td>超时酌情扣分</td><td></td><td></td><td></td></tr>
<tr><td>合计</td><td colspan="4"></td><td></td><td></td><td></td></tr>
<tr><td colspan="8">教师总评意见：<br><br></td></tr>
<tr><td colspan="8">问题及改进方法：<br><br></td></tr>
</table>

## 一、填空题

1. 在平面磨床上，磨削平面有_____和_____两种形式。卧轴矩台平面磨床属于_____形式。

2. 磨削平面的方法主要有_____、_____和_____。

## 二、简答题

1. 简述圆周磨削方式的特点及适用场合。

2. 在卧轴矩台平面磨床上磨削平面的方法有哪几种？各有什么特点？

磨削平面练习，如图 5-20 所示。

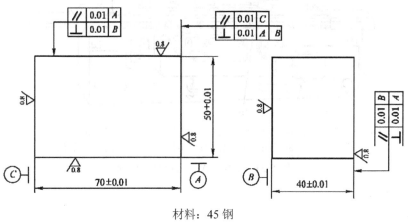

材料：45 钢

图 5-20　六面体

# 任务 5　M1432A 型外圆磨床的基本操作

**【知识要求】**

1. 了解 M1432A 型外圆磨床的加工运动和应用范围。
2. 掌握 M1432A 型外圆磨床的主要部件及功用。

**【技能要求】**

掌握 M1432A 型外圆磨床的基本操作技能。

本任务主要介绍 M1432A 型外圆磨床的类型、加工运动、主要部件及功用，使操作者能够熟练掌握 M1432A 型外圆磨床的操作技能。

## 一、M1432A 型万能外圆磨床的主要结构

M1432A 型万能外圆磨床的外形如图 5-21 所示。

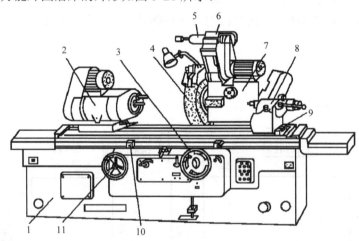

1-床身；2-头架；3-横向进给手轮；4-砂轮；5-内圆磨具；6-内圆磨头；
7-砂轮架；8-尾座；9-工作台；10-挡块；11-纵向进给手轮

图 5-21　M1432A 型万能外圆磨床

其主要部件如下：

1. 床身

床身是磨床的基础支承件，上面装有砂轮架、工作台、头架、尾座及滑鞍等部件。床身上的纵向导轨和横向导轨分别为工作台和砂轮架的移动导向。床身内部装有液压装置、横向进给机构和纵向进给机构等。

**2. 工作台**

工作台由上、下两层组成，上层可绕下层的中心轴线在水平面内偏转一定角度，以便磨削锥度较小的长圆锥面。工作台上层安装头架和尾座，下层连同上层一起沿床身纵向往复移动，实现工件的纵向进给运动。

**3. 头架**

头架主轴可与卡盘连接或安装顶尖，用以装夹工件。头架内装有变速机构，可使工件获得几种不同的转速。头架在水平面内可按逆时针回转 90°。

**4. 砂轮架**

用以支承并传动高速旋转砂轮主轴，可沿床身横向导轨移动，实现砂轮的径向（横向）进给。砂轮由单独的电动机经带传动使其高速回转。砂轮架可绕垂直轴线回转-30°～+30°。

**5. 尾座**

尾架套筒内装有顶尖，可与主轴顶尖一起支承轴类工件，它在工作台的纵向位置可根据工件长度调整。

**6. 内圆磨头**

装有内圆磨具，用来磨削内圆。内圆磨头由专门的电动机经传动带带动其主轴高速回转，实现内圆磨削的主运动。不用时，翻转到砂轮架上方，磨削内圆时将其翻下使用。

**二、外圆磨床的切削运动**

**1. 主运动**

磨削外圆时为砂轮的回转运动；磨削内圆时为内圆磨头的磨具（砂轮）的回转运动。

**2. 进给运动**

（1）工件的圆周进给运动，即头架主轴的回转运动。

（2）工作台的纵向进给运动，由液压传动实现。

（3）砂轮架的横向进给运动，为步进运动，即每当工作台一个纵向往复运动终了，由机械传动机构使砂轮架横向移动一个位移量（控制磨削深度）。

**任务实施**

**一、准备工作**

1. M1432A 型万能外圆磨床。
2. 调整操作磨床的工具、辅具准备。

**二、技能训练**

（一）认识和熟悉机床

1. 熟悉砂轮、头架电机等"启动""停止"按钮的位置。

2．熟悉机床各操纵手柄的位置。

3．检查油缸内油量，不足时应补够。

4．检查砂轮是否有缝隙、破裂等。

● **特别提示**：要求每台磨床都有齐全的防护设施。

（二）工作台的操作

1．**工作台的手动进给操作**

转动工作台纵向移动手柄，顺时针转动，工作台向右移动；逆时针转动，工作台向左移动。

2．**工作台的自动进给操作**

（1）启动机床，检查油压是否正常。

（2）调整工作台挡铁位置，确定工作台行程。

（3）将工作台手动、自动转换手轮拉于身前，进行自动进给。

（4）调整工作台速度。顺时针转动工作台速度调整旋钮为加速，反之为减速。

（5）调整工作台行程两端的停止时间。转动右侧工作台换向停留调整旋钮，调整工作台到右端的停止时间；转动左侧旋钮是调整工作台到左端的停止时间。

● **特别提示**：工作台启动前，应调整好挡铁位置并予以紧固。

（三）砂轮架的操作

1．**砂轮架的手动进给操作**

转动砂轮架横向进给手轮，使砂轮架前后进给。

2．**砂轮架快速前进和后退操作**

（1）将砂轮架快速进退操作手柄降下，使砂轮架快速前进。

（2）将手柄摇回原位置，使砂轮架快速回退。

● **特别提示**：砂轮架快速行进时，要控制进给位置，防止砂轮与工件或尾座相撞。

（四）头架的操作

1．松开头架固定螺钉，将头架在工作台上移动，选定合适的位置。

2．紧固螺钉，将头架固定在工作台上。

（五）尾架的操作

1．松开尾座固定手柄，在工作台上移动尾座，选定合适的位置。

2．上紧尾座固定手柄，将尾座固定在工作台上。

3．操作退出尾座套筒用手柄，使顶尖套筒后退。

4．用脚踩踏板，利用液压使顶尖套筒退回，便于工件装夹。

### 三、注意事项

1．严格遵守车间安全操作规程，经教师示范，掌握要领后再开机床。

2．必须按规定操作步骤和要求进行练习，禁止进行与训练内容无关的其他操作。

3．练习完毕，关闭机床电源开关。

4．擦拭机床，清理工作场地。

## 四、检查评价，填写实训日志

| 检查评价单 | | | | | | |
|---|---|---|---|---|---|---|
| 序号 | 考核项目 | 考核要求及评分标准 | 分值 | 成绩 | | |
| | | | | 学生自检 | 小组互检 | 教师终检 |
| 1 | 认识外圆磨床，熟悉外圆磨床各操纵手柄位置 | 按熟练程度酌情扣分 | 10 | | | |
| 2 | 工作台的操作练习（手动、自动进给练习） | 按熟练程度酌情扣分 | 20 | | | |
| 3 | 砂轮架的操作练习 | 按熟练程度酌情扣分 | 20 | | | |
| 4 | 头架、尾架的操作练习 | 操作正确熟练，按熟练程度酌情扣分 | 20 | | | |
| 5 | 机床的保养维护 | 酌情扣分 | 10 | | | |
| 6 | 安全文明生产 | 严格遵守安全操作规程，按要求着装；操作规范，无操作失误；认真操作，维护车床 | 10 | | | |
| 7 | 团队协作 | 小组成员和谐相处，互帮互学 | 10 | | | |
| 合计 | | | | | | |
| 教师总评意见： | | | | | | |
| 问题及改进方法： | | | | | | |

## 问题思考

### 一、填空题

1．M1432A 型万能外圆磨床既可以加工外圆表面，也可以加工内圆表面。磨削外圆时，主运动是_____；磨削内圆时，主运动是_____。

2．M1432A 型万能外圆磨床的头架主要用来_____，并可在水平面逆时针回转_____度。

3．转动工作台的纵向移动手柄时，顺时针转动，工作台向_____移动；逆时针转动，工作台向_____移动。

4．砂轮架用以支承_____，可沿床身横向导轨移动，实现砂轮的_____。

### 二、简答题

试述外圆磨床的运动形式及主要部件、功用。

## 拓展练习

熟练 M1432A 型万能外圆磨床的操作步骤和方法。

# 任务 6　磨削外圆柱面

【知识要求】

掌握工件在外圆磨床上的安装方法以及磨削外圆的方法和步骤。

【技能要求】

能够熟练操作机床完成外圆表面的加工，保证相关技术要求。

本任务通过如图 5-22 所示光轴零件的磨削练习，进一步掌握外圆磨床的操作、砂轮的选择、工件的安装方法，使操作者熟练掌握磨削外圆柱面的加工方法和步骤。

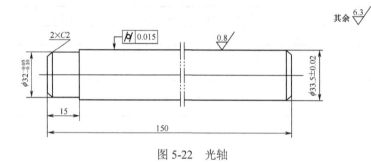

图 5-22　光轴

## 一、外圆磨削的方法

外圆的磨削方法主要有纵向磨削法、横向磨削法、综合磨削法和深度磨削法。

1. 纵向磨削法

纵向磨削法如图 5-23（a）所示，砂轮的高速旋转为主运动，工件低速回转作圆周进给运动，工作台作纵向往复运动，实现对工件整个外圆表面的加工。工件每一纵向行程或往复行程终了时，砂轮作一次周期性的横向移动，直至达到所需的磨削深度。当接近最终尺寸时，需进行无横向进给的光磨过程，直至火花消失为止，即所谓的光磨。

纵向磨削法每次的径向进给量少，磨削力小，散热条件好，充分提高了工件的磨削精度和表面质量，能满足较高的加工质量要求，但磨削效率较低。主要适用于单件小批量生产或精磨加工较长的轴类零件。

2. 横向磨削法

横向磨削法如图 5-23（b）所示，又称切入磨削法。磨削外圆时，砂轮宽度大于工件的磨削长度，工件不需要作纵向进给运动。砂轮的高速旋转为主运动，工件低速回转作圆周进给运动，同时砂轮以缓慢的速度连续地或断续地向工件作横向进给运动，直至达到所需尺寸要求。

横向磨削法充分发挥了砂轮的切削能力，磨削效率高。但在磨削过程中，砂轮与工件接触面积大，使得磨削力增大，工件易发生变形和烧伤。另外，砂轮形状误差直接影响工件的几何形状精度，磨削精度较低，表面粗糙度值较大。主要适用于磨削长度较短的外圆表面。

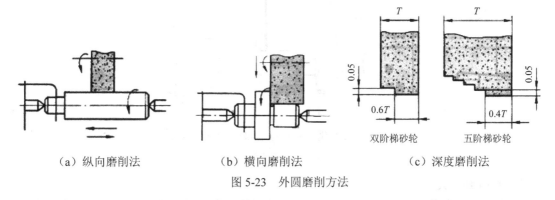

（a）纵向磨削法　　　　　　（b）横向磨削法　　　　　　（c）深度磨削法

图 5-23　外圆磨削方法

**3. 综合磨削法**

综合磨削法又称分段磨削法，它是纵向磨削法和横向磨削法的综合应用。磨削时，先采用横向磨削法分段粗磨外圆，并留精磨余量，然后再用纵向磨削法精磨至规定尺寸。这种磨削方法既有横磨法生产效率高的优点，又有纵磨法加工精度高的优点。主要适用于磨削余量大、刚性好的工件。

**4. 深度磨削法**

深度磨削法如图 5-23（c）所示，这是一种比较先进的加工方法，在一次纵向进给运动中切除工件全部磨削余量，磨削机动时间缩短，故生产率高。但磨削抗力大，主要适用于批量生产中在功率大、刚性好的磨床上磨削较大的工件。

**二、工件的安装**

**1. 用卡盘装夹工件**

采用三爪自定心卡盘装夹，主要适用于较短的回转体工件，如图 5-24（a）所示。对形状不规则的非回转体工件，则采用四爪单动卡盘装夹，并用百分表找正，如图 5-24（b）所示。

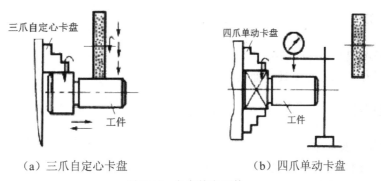

（a）三爪自定心卡盘　　　　　　（b）四爪单动卡盘

图 5-24　卡盘装夹工件

### 2. 用两顶尖装夹工件

两顶尖装夹是轴类零件常采用的装夹方法，如图 5-25 所示。其尾顶尖靠弹簧推力顶紧工件，可自动控制松紧程度，避免磨削时因顶尖摆动而影响工件的加工精度。因此，定位精度高，装夹工件方便。

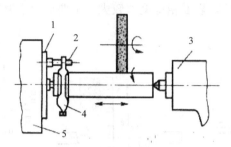

1-拨盘；2-拨销；3-尾座；4-鸡心夹头；5-头架

图 5-25　两顶尖装夹工件

### 3. 用心轴装夹工件

主要适用于盘套类零件的装夹，应在工件内孔精磨后，用高精度的心轴装夹磨削外圆，如图 5-26 所示。

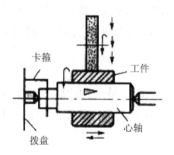

图 5-26　用心轴装夹工件

### 一、准备工作

1. M1432A 型万能外圆磨床。
2. 工件及相关工具、量具、辅具。

### 二、技能训练

光轴的加工步骤如下：

步骤 1　看图并检查毛坯尺寸，计算加工余量。

步骤 2　用两顶尖装夹工件。

● **特别提示**

应注意中心孔的保护和修研。安装工件前应将中心孔擦净，涂润滑脂再安装。

**步骤 3** 调整工作台行程至合适位置。

（1）启动机床，检查机床运转情况，空运转一段时间后再操作。

（2）利用撞块调整工作台纵向进给的行程长度及位置。

**步骤 4** 选择合适的磨削用量。

（1）调整工作台进给速度及在工件两端停留的时间。

（2）根据工件材料和加工阶段要求，确定工件的圆周速度。

**步骤 5** 磨削外圆表面。

（1）使砂轮快进，当砂轮快接触到工件外圆时，立即停止，手动进给砂轮架，接触到工件外圆表面时记下此时刻度值。

（2）打开切削液阀门，使切削液喷出，让工作台做自动进给。

（3）粗磨外圆，留精磨余量。

（4）使砂轮快退，检查外圆尺寸和形状精度。

（5）精磨外圆至要求，最后需往复2～3次，光磨至没有火花出现为止。

● **特别提示**

（1）磨削时为防止工件发热、变形，保证加工质量，必须浇注充足的切削液。

（2）调整并找正工件前，砂轮应退离工件远一些，以防砂轮与工件相撞。

### 三、注意事项

1. 严格遵守车间安全操作规程。

2. 必须按规定操作步骤和要求进行练习，禁止进行与训练内容无关的其他操作。

3. 练习完毕，关闭机床电源开关；正确放置工具、夹具、刃具及工件。

4. 擦拭机床设备，清理工作场地。

### 四、检查评价，填写实训日志

| 检查评价单（光轴） | | | | | | | |
|---|---|---|---|---|---|---|---|
| 序号 | 考核项目 | 考核内容及要求 | 配分 | 评分标准 | 成 绩 | | |
| | | | | | 学生自检 | 小组互检 | 教师终检 |
| 1 | 尺寸公差 | $\phi 33.5\pm0.02$mm | 30 | 超差不得分 | | | |
| 2 | | 150mm | 20 | | | | |
| 3 | 形状公差 | 圆柱度≤0.015mm | 15 | | | | |
| 4 | 表面粗糙度 | Ra≤0.8μm | 10 | 每处超差扣5分 | | | |
| 5 | | Ra≤6.3μm | 6 | 每处超差扣3分 | | | |
| 6 | 操作规范 | 操作姿势正确、规范 | 3 | 操作不当，酌情扣分 | | | |
| 7 | | 正确操作机床设备、合理保养及维护 | 5 | 操作不当每次扣2分 | | | |

续表

检查评价单（光轴）

| 序号 | 考核项目 | 考核内容及要求 | 配分 | 评分标准 | 成绩 | | |
|---|---|---|---|---|---|---|---|
| | | | | | 学生自检 | 小组互检 | 教师终检 |
| 8 | 操作规范 | 工具、量具、刃具的合理使用与保养 | 4 | 使用不当每次扣1分 | | | |
| 9 | 安全文明生产 | 严格执行安全操作规程 | 5 | 违反一次规定扣2分 | | | |
| 10 | | 工作服穿戴正确 | 2 | 穿戴不整齐不得分 | | | |
| 11 | 工时定额 | 120min | | 超时酌情扣分 | | | |
| 合计 | | | | | | | |
| 教师总评意见： | | | | | | | |
| 问题及改进方法： | | | | | | | |

 问题思考

一、填空题

1．外圆的磨削方法主要有_____、_____、_____和_____四种。
2．单件小批生产中，磨削精度较高的工件时，常采用_____磨削法。
3．工件在外圆磨床上的装夹方法主要有_____、_____和_____三种。

二、简答题

在外圆磨床上磨削外圆的方法有哪些？各有什么特点？如何选用？

 拓展练习

外圆磨削练习，如图5-27所示：阶梯轴。

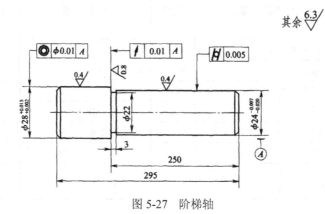

图5-27　阶梯轴

# 任务 7 磨削外圆锥面

**【知识要求】**

掌握磨削外圆锥面的方法和步骤。

**【技能要求】**

能够熟练操作机床完成外圆锥面的加工，保证相关技术要求。

本任务通过如图 5-28 所示外圆锥轴零件的磨削练习，进一步掌握外圆磨床的操作、砂轮的选择、工件的安装方法，使操作者熟练掌握磨削外圆锥面的加工方法和步骤。

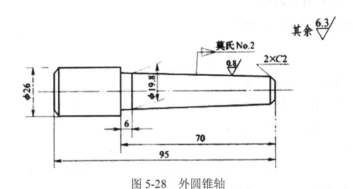

图 5-28 外圆锥轴

在万能外圆磨床上通常有以下两种磨削圆锥面的方法。

**1. 转动工作台法**

将工件装夹在前、后两顶尖之间，圆锥大端在前顶尖侧，小端在后顶尖侧，将磨床的上工作台相对下工作台转动工件圆锥半角 a/2，使工件的回转轴线与工作台的进给方向成斜角 α/2，如图 5-29（a）所示。

磨削时，采用纵向磨削法或综合磨削法，从圆锥小端开始磨削。由于工作台转角有限，所以这种方法只适用于磨削圆锥半角小、圆锥面长的工件。

**2. 转动头架法**

将工件装夹在头架的卡盘中，头架相对于工作台逆时针转动圆锥半角 α/2，磨削方法与转动工作台法相同，如图 5-29（b）所示。此种方法适用于磨削圆锥半角大、圆锥面短的工件。

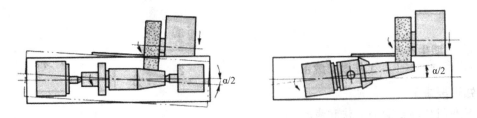

（a）转动工作台法　　　　　　　（b）转动头架法

图 5-29　外圆锥面的磨削方法

## 一、准备工作

1. M1432A 型万能外圆磨床。
2. 工件及相关工具、量具、辅具。

## 二、技能训练

圆锥轴的加工步骤如下：

步骤 1　看图并检查毛坯尺寸，计算加工余量。

步骤 2　用两顶尖装夹工件。

● **特别提示**

（1）应注意中心孔的保护和修研。安装工件前应将中心孔擦净，涂润滑脂再安装。

（2）按工件长度调整尾座位置后，应将其固定在工作台上。

步骤 3　根据工件的技术要求，选择转动工作台磨削外圆锥面。

步骤 4　调整工作台行程至合适位置。

（1）启动机床，检查机床运转情况，空运转一段时间后再操作。

（2）利用撞块调整工作台纵向进给的行程长度及位置。

● **特别提示**：调整工作台时，应注意调整量不能过大。

步骤 5　选择合适的磨削用量。

（1）调整工作台进给速度及在工件两端停留的时间。

（2）根据工件材料和加工阶段要求，确定工件的圆周速度。

步骤 6　磨削外圆锥表面。

（1）使砂轮快进，当砂轮快接触到工件外圆时，立即停止，手动进给砂轮架，接触到工件外圆表面时记下此时刻度值。

（2）打开切削液阀门，使切削液喷出，让工作台做自动进给。

（3）粗磨外圆锥面，试磨削。

（4）在工件外圆均匀涂上红丹粉，配合圆锥套规检查锥度。

（5）利用千分表控制锥度，修正上工作台的倾斜角度。

（6）进行试磨削，检查锥度，修正至整个锥面同圆锥套规一致时为止。

（7）精磨外圆锥面至要求，最后需充分光磨至没有火花出现为止。

● 特别提示

（1）磨削时为防止工件发热、变形，保证加工质量，必须浇注充足的切削液。

（2）圆锥用套规检查接触情况时，推力不能过大。

### 三、注意事项

1. 严格遵守车间安全操作规程。

2. 必须按规定操作步骤和要求进行练习，禁止进行与训练内容无关的其他操作。

3. 练习完毕，关闭机床电源开关；正确放置工具、夹具、刃具及工件。

4. 擦拭机床设备，清理工作场地。

### 四、检查评价，填写实训日志

| 检查评价单（外圆锥轴） | | | | | | | |
| --- | --- | --- | --- | --- | --- | --- | --- |
| 序号 | 考核项目 | 考核内容及要求 | 配分 | 评分标准 | 成绩 | | |
| | | | | | 学生自检 | 小组互检 | 教师终检 |
| 1 | 尺寸公差 | $\phi$19.8mm | 25 | 超差不得分 | | | |
| 2 | | 莫氏2号锥度（a 为 2°51′40″） | 30 | | | | |
| 3 | | 70mm | 5 | | | | |
| 4 | | 95mm | 5 | | | | |
| 5 | 表面粗糙度 | Ra≤0.8μm | 10 | 每处超差扣5分 | | | |
| 6 | | Ra≤6.3μm | 3×2 | 每处超差扣3分 | | | |
| 7 | 操作规范 | 操作姿势正确、规范 | 3 | 操作不当，酌情扣分 | | | |
| 8 | | 正确操作机床设备、合理保养及维护 | 5 | 操作不当每次扣2分 | | | |
| 9 | | 工具、量具、刃具的合理使用与保养 | 4 | 使用不当每次扣1分 | | | |
| 10 | 安全文明生产 | 严格执行安全操作规程 | 5 | 违反一次规定扣2分 | | | |
| 11 | | 工作服穿戴正确 | 2 | 穿戴不整齐不得分 | | | |
| 12 | 工时定额 | 150min | | 超时酌情扣分 | | | |
| 合计 | | | | | | | |
| 教师总评意见： | | | | | | | |
| 问题及改进方法： | | | | | | | |

1．在万能外圆磨床上磨削外圆锥面有哪些方法？适用于什么场合？

2．试述外圆锥面的磨削步骤。

3．外圆锥面磨削练习。

# 附表　常用机床组、型（系）代号及主参数（摘自 GB/T 15375-1994）

| 类 | 组 | 型（系） | 机床名称 | 主参数的折算系数 | 主参数 | 第二主参数 |
|---|---|---|---|---|---|---|
| 车床 | 1 | 1 | 单轴纵切自动车床 | 1 | 最大棒料直径 | |
| | 1 | 2 | 单轴横切自动车床 | 1 | 最大棒料直径 | |
| | 1 | 3 | 单轴转塔自动车床 | 1 | 最大棒料直径 | |
| | 2 | 1 | 多轴棒料自动车床 | 1 | 最大棒料直径 | 轴数 |
| | 2 | 2 | 多轴卡盘自动车床 | 1/10 | 卡盘直径 | 轴数 |
| | 2 | 6 | 立式多轴半自动车床 | 1/10 | 最大车削直径 | 轴数 |
| | 3 | O | 回轮车床 | 1 | 最大棒料直径 | |
| | 3 | 1 | 滑鞍转塔车床 | 1/10 | 卡盘直径 | |
| | 3 | 3 | 滑枕转塔车床 | 1/10 | 卡盘直径 | |
| | 4 | 1 | 万能曲轴车床 | 1/10 | 最大工件回转直径 | 最大工件长度 |
| | 4 | 3 | 万能凸轮轴车床 | 1/10 | 最大工件回转直径 | 最大工件长度 |
| | 5 | 1 | 单柱立式车床 | 11100 | 最大车削直径 | 最大工件高度 |
| | 5 | 2 | 双柱立式车床 | 1/100 | 最大车削直径 | 最大工件高度 |
| | 6 | 0 | 落地车床 | 1/100 | 最大工件回转直径 | 最大工件长度 |
| | 6 | 1 | 卧式车床 | 1/10 | 床身上最大工件回转直径 | 最大工件长度 |
| | 6 | 2 | 马鞍车床 | 1110 | 床身上最大工件回转直径 | 最大工件长度 |
| | 6 | 4 | 卡盘车床 | 1110 | 床身上最大工件回转直径 | 最大工件长度 |
| | 6 | 5 | 球面车床 | 1/10 | 刀架上最大回转直径 | 最大工件长度 |
| | 7 | 1 | 仿形车床 | 1/10 | 刀架上最大车削直径 | 最大车削长度 |
| | 7 | 5 | 多刀车床 | 1110 | 刀架上最大车削直径 | 最大车削长度 |
| | 7 | 6 | 卡盘多刀车床 | 1/10 | 刀架上最大车削直径 | |
| | 8 | 4 | 轧辊车床 | 1/10 | 最大工件直径 | 最大工件长度 |
| | 8 | 9 | 铲齿车床 | 1/10 | 最大工件直径 | 最大模数 |
| 钻床 | 1 | 3 | 立式坐标镗钻床 | 1110 | 工作台面宽度 | 工作台面长度 |
| | 2 | 1 | 深孔钻床 | 1/10 | 最大钻孔直径 | 最大钻孔深度 |
| | 3 | 0 | 摇臂钻床 | 1 | 最大钻孔直径 | 最大跨距 |

续表

| 类 | 组 | 型（系） | 机床名称 | 主参数的折算系数 | 主参数 | 第二主参数 |
|---|---|---|---|---|---|---|
| 钻床 | 3 | 1 | 万向摇臂钻床 | 1 | 最大钻孔直径 | 最大跨距 |
| | 4 | O | 台式钻床 | 1 | 最大钻孔直径 | |
| | 5 | 0 | 圆柱立式钻床 | 1 | 最大钻孔直径 | |
| | 5 | 1 | 方柱立式钻床 | 1 | 最大钻孔直径 | |
| | 5 | 2 | 可调多轴立式钻床 | 1 | 最大钻孔直径 | 轴数 |
| | 8 | 1 | 中心孔钻床 | 1/10 | 最大工件直径 | 最大工件长度 |
| | 8 | 2 | 平端面中心孔钻床 | 1/10 | 最大工件直径 | 最大工件长度 |
| 镗床 | 4 | 1 | 立式单柱坐标镗床 | 1/IO | 工作台面宽度 | 工作台面长度 |
| | 4 | 2 | 立式双柱坐标镗床 | 1/10 | 工作台面宽度 | 工作台面长度 |
| | 4 | 6 | 卧式坐标镗床 | 1/10 | 工作台面宽度 | 工作台面长度 |
| | 6 | 1 | 卧式镗床 | 1/10 | 镗轴直径 | |
| | 6 | 2 | 落地镗床 | 1/10 | 镗轴直径 | |
| | 6 | 9 | 落地铣镗床 | 1/10 | 镗轴直径 | 铣轴直径 |
| | 7 | O | 单面卧式精镗床 | 1/10 | 工作台面宽度 | 工作台面长度 |
| | 7 | 1 | 双面卧式精镗床 | 1/10 | 工作台面宽度 | 工作台面长度 |
| | 7 | 2 | 立式精镗床 | 1/10 | 最大镗孔直径 | |
| 磨床 | 0 | 4 | 抛光机 | | — | |
| | 0 | 6 | 刀具磨床 | | — | |
| | 1 | 0 | 无心外圆磨床 | 1 | 最大磨削直径 | |
| | L | 3 | 外圆磨床 | 1/10 | 最大磨削直径 | 最大磨削长度 |
| | L | 4 | 万能外圆磨床 | 1/10 | 最大磨削直径 | 最大磨削长度 |
| | 1 | 5 | 宽砂轮外圆磨床 | 1/10 | 最大磨削直径 | 最大磨削长度 |
| | 1 | 6 | 端面外圆磨床 | 1/10 | 最大回转直径 | 最大工件长度 |
| | 2 | 1 | 内圆磨床 | 1/10 | 最大磨削孔径 | 最大磨削深度 |
| | 2 | 5 | 立式行星内圆磨床 | 1/IO | 最大磨削孔径 | 最大磨削深度 |
| | 3 | 0 | 落地砂轮机 | /10 | 最大砂轮直径 | |
| | 5 | 0 | 落地导轨磨床 | 1/100 | 最大磨削宽度 | 最大磨削长度 |
| | 5 | 2 | 龙门导轨磨床 | 1/100 | 最大磨削宽度 | 最大磨削长度 |
| | 6 | 0 | 万能工具磨床 | 1/10 | 最大回转直径 | 最大工件长度 |
| | 6 | 3 | 钻头刃磨床 | 1 | 最大刃磨钻头直径 | |
| | 7 | 1 | 卧轴矩台平面磨床 | 1/10 | 工作台面宽度 | 工作台面长度 |
| | 7 | 3 | 卧轴圆台平面磨床 | 1/10 | 工作台面直径 | |
| | 7 | 4 | 立轴圆台平面磨床 | 1/10 | 工作台面直径 | |
| | 8 | 2 | 曲轴磨床 | 1/10 | 最大回转直径 | 最大工件长度 |

| 类 | 组 | 型<br>（系） | 机床名称 | 主参数的<br>折算系数 | 主参数 | 第二主参数 |
|---|---|---|---|---|---|---|
| 磨床 | 8 | 3 | 凸轮轴磨床 | 1/10 | 最大回转直径 | 最大工件长度 |
| | 8 | 6 | 花键轴磨床 | 1/10 | 最大磨削直径 | 最大磨削长度 |
| | 9 | 0 | 工具曲线磨床 | 1/10 | 最大磨削长度 | |
| 齿轮<br>加工<br>机床 | 2 | O | 弧齿锥齿轮磨齿机 | 1/10 | 最大工件直径 | 最大模数 |
| | 2 | 2 | 弧齿锥齿轮铣齿机 | 1/10 | 最大工件直径 | 最大模数 |
| | 2 | 3 | 直齿锥齿轮创齿机 | 1/10 | 最大工件直径 | 最大模数 |
| | 3 | 1 | 滚齿机 | 1/10 | 最大工件直径 | 最大模数 |
| | 3 | 6 | 卧式滚齿机 | 1/10 | 最大工件直径 | 最大模数或最大工件长度 |
| | 4 | 2 | 剃齿机 | 1/10 | 最大工件直径 | 最大模数 |
| | 4 | 6 | 珩齿机 | 1/10 | 最大工件直径 | 最大模数 |
| | 5 | 1 | 插齿机 | 1/10 | 最大工件直径 | 最大模数 |
| | 6 | 0 | 花键轴铣床 | 1/10 | 最大铣削直径 | 最大铣削长度 |
| | 7 | O | 碟形砂轮磨齿机 | 1/10 | 最大工件直径 | 最大模数 |
| | 7 | 1 | 锥形砂轮磨齿机 | 1/10 | 最大工件直径 | 最大模数 |
| | 7 | 2 | 卧杆砂轮磨齿机 | 1/10 | 最大工件直径 | 最大模数 |
| | 8 | O | 车齿机 | 1/10 | 最大工件直径 | 最大模数 |
| | 9 | 3 | 齿轮倒角机 | 1/10 | 最大工件直径 | 最大模数 |
| | 9 | 9 | 齿轮噪声检查机 | 1/10 | 最大工件直径 | |
| 螺纹<br>加工<br>机床 | 3 | 0 | 套螺纹机 | 1 | 最大套螺纹直径 | |
| | 4 | 8 | 卧式攻螺纹机 | 1/10 | 最大攻螺纹直径 | 轴数 |
| | 6 | 0 | 丝杆铣床 | 1/10 | 最大铣削直径 | 最大铣削长度 |
| | 6 | 2 | 短螺纹铣床 | 1/10 | 最大铣削直径 | 最大铣削长度 |
| | 7 | 4 | 丝杆磨床 | 1/10 | 最大工件直径 | 最大工件长度 |
| | 7 | 5 | 万能螺纹磨床 | 1/10 | 最大工件直径 | 最大工件长度 |
| | 8 | 6 | 丝杆车床 | 1/10 | 最大工件直径 | 最大工件长度 |
| | 8 | 9 | 多头螺纹车床 | 1/10 | 最大车削直径 | 最大车削长度 |
| 铣床 | 2 | 0 | 龙门铣床 | 1/100 | 工作台面宽度 | 工作台面长度 |
| | 3 | 0 | 圆台铣床 | 1/100 | 工作台面直径 | |
| | 4 | 3 | 平面仿形铣床 | 1/10 | 最大铣削宽度 | 最大铣削长度 |
| | 4 | 4 | 立体仿形铣床 | 1/10 | 最大铣削宽度 | 最大铣削长度 |
| | 5 | O | 立式升降台铣床 | 1/10 | 工作台面宽度 | 工作台面长度 |
| | 6 | 0 | 卧式升降台铣床 | 1/10 | 工作台面宽度 | 工作台面长度 |
| | 6 | 1 | 万能升降台铣床 | 1/10 | 工作台面宽度 | 工作台面长度 |
| | 7 | 1 | 床身铣床 | 1/100 | 工作台面宽度 | 工作台面长度 |

续表

| 类 | 组 | 型（系） | 机床名称 | 主参数的折算系数 | 主参数 | 第二主参数 |
|---|---|---|---|---|---|---|
| 铣床 | 8 | 1 | 万能工具铣床 | 1/10 | 工作台面宽度 | 工作台面长度 |
| | 9 | 2 | 键槽铣床 | 1 | 最大键槽宽度 | |
| 刨插床 | 1 | O | 悬臂刨床 | 1/100 | 最大刨削宽度 | 最大刨削长度 |
| | 2 | O | 龙门刨床 | 1/100 | 最大刨削宽度 | 最大刨削长度 |
| | 2 | 2 | 龙门铣磨刨床 | 1/100 | 最大刨削宽度 | 最大刨削长度 |
| | 5 | 0 | 插床 | 1/10 | 最大插削长度 | |
| | 6 | 0 | 牛头刨床 | 1/10 | 最大刨削长度 | |
| | 8 | 8 | 模具刨床 | 1/10 | 最大刨削长度 | 最大刨削宽度 |
| 拉床 | 3 | 1 | 卧式外拉床 | 1/10 | 额定拉力 | 最大行程 |
| | 4 | 3 | 连续拉床 | 1/10 | 额定拉力 | |
| | 5 | 1 | 立式内拉床 | 1/10 | 额定拉力 | 最大行程 |
| | 6 | 1 | 卧式内拉床 | 1/10 | 额定拉力 | 最大行程 |
| | 7 | 1 | 立式外拉床 | 1/10 | 额定拉力 | 最大行程 |
| | 9 | 1 | 汽缸体平面拉床 | 1/10 | 额定拉力 | 最大行程 |
| 特种加工机床 | 1 | 1 | 超声波穿孔机 | 1/10 | 最大功率 | |
| | 2 | 5 | 电解车刀刃磨床 | 1 | 最大车刀宽度 | 最大车刀厚度 |
| | 7 | 1 | 电火花成形机 | 1/10 | 工作台面宽度 | 工作台面长度 |
| | 7 | 7 | 电火花线切割机 | 1/10 | 工作台横向行程 | 工作台纵向行程 |

# 参考文献

[1] 唐监怀. 机床加工技能训练. 北京：中国劳动社会保障出版社，2008.

[2] 费从荣. 机械制造工程训练. 成都：西南交通大学出版社，2006.

[3] 熊承刚，朱金鑫. 机械加工实训指导. 哈尔滨：哈尔滨工业大学出版社，2008.

[4] 刘冰洁. 铣工技能训练. 北京：中国劳动社会保障出版社，2005.

[5] 张克义，张兰. 金工实习. 北京：北京理工大学出版社，2007.

[6] 张国军. 机械制造技术实训指导. 北京：电子工业出版社，2006.

[7] 徐小国. 机械加工实训. 北京：北京理工大学出版社，2006.

[8] 谷春瑞. 机械制造工程实践. 天津：天津大学出版社，2004.

[9] 张璐青. 机械零件加工技巧与典型实例. 北京：化学工业出版社，2009.